過去・現在・未来の視点で読み解く

食品衛生入門

著者：大道 公秀

はじめに

私は大学を卒業して、初めて就いた仕事が食品の衛生検査に関する仕事でした。以来、ずっと食品衛生分野を主軸に環境衛生・公衆衛生の分野にも経験の幅を広げつつ、衛生関連の仕事・研究に携わってきました。数えてみたら、1997年4月から働き始め、2019年の3月で「衛生」のフィールドでの経験が22年になります。そして、私の「衛生」フィールドの経験を振り返りつつ、より多くの人に食品衛生にまつわる話題を私なりに取り上げ、お伝えしたい気持ちが湧いてきました。数年前に、品川区の公開講座で食品衛生に関する講演を行う機会があったのですが、その講演資料の準備のなかで、一般市民の方々にわかりやすく、楽しく食品衛生をお伝えしたいという思いを抱きました。その思いも、本書出版の構想の原動力の一つになっています。

本書では食品衛生にまつわる話題について歴史的な側面からアプローチを試みました。過去の興味深い事例や食品衛生の歴史的事件の紹介のうえで、現在の食品衛生に関する話題、そして今後の食品衛生のあり方の行方について取り上げています。食品衛生を専門的に学んでこなかった人にも分かるように、出来る限りわかりやすい言葉を使っています。そのため一般消費者のみならず、これから食品衛生を学ぼうとする学生にも、食品衛生に興味を持ってもらうきっかけになる本になることを期待しています。

食品衛生は、知って得するものかどうかはわかりません……食品衛生を学ぶメリット、デメリットを考えてみましょう。

まずデメリットとしては食品衛生に口うるさくなり、嫌われることだってあるかもしれません。料理している最中の人に、食品衛生のことについて、例えば手洗いや洗浄について口うるさく話したら、きっと、言われた人は不快な気持ちになり、場合によっては怒りますよね。友人たちとの楽しいバーベキュー大会ではどうでしょうか？　バーベキューの食材の調理や洗いもので、「ちゃんと手洗いしたか」とか、「この食器ちゃんと洗ったの？」と、何度も言っている人が仲間にいたら、うんざりです。私には似た経験があります。仲間たちとバーベキューをしていたのですが、友人は子供連れでした。食器の洗いものは子供たち担当だったのですが、ついつい洗浄に口うるさくなってしまって……私は子供たちに「あらいぐま」のあだ名をつけられました。

一方で、食品衛生を学ぶメリットは当然、私たちは食中毒を起こしにくくなるかもしれません。そのことで私たちの生命と生活が衛（まも）られます。私は、学びゆく先で、「食べ物」の本質とはなにかが、分かってくると思っています。さらには、「人間とはなにか。生命とはなにか。この社会とはなにか。私自身とはなにものか」といったことを知る手がかりになるようにも思うのです。私はそう思っています。食品を見つめることで、いろんなことが見えてくるかもしれません。自分自身も見えてくるかもしれない。そんな予感をもっています。

本書は、できるかぎりわかりやすい言葉を使って、楽しく食品衛生を学べるように工夫しました。また、大学の授業で、学生に興味を持ってもらうために、普段話しているような、各種談義を盛り込んでいます。食品衛生に関わる、過去の事件や出来事をいくつか取り上げていますので、歴史好きな方にも楽しんでいただければ幸いです。

目次

第4章　微生物由来の食中毒

第5章　自然毒食中毒

第6章　食品衛生検査の仕事

第7章　新しい課題

第1章

そもそも食品とは？
食品衛生とは？

1.1　そもそも食品とは？

1.1.1　食品とは

そもそも食品とは何なのでしょうか？　人が食用にする品物の総称と言って良いと思います。ちなみに食品衛生法では「すべての飲食物をいう」とあります。何を食品とみなすかは、民族によっても異なり、その地域の歴史の中で培われてきた文化と密接な関係があります。例えば日本ではフグ食は石器時代からの食文化とされますが、海外では一般にフグは食されません。魚を生で食べる食文化も日本独特のものです。

以前、JICA（国際協力機構）の事業で開発途上国の食品衛生行政官を日本に招き、日本にて食品衛生の研修に参加してもらうという仕事に関わっていたことがあります。研修中のあるとき、私と同僚で、東南アジア５か国（バングラデシュ・カンボジア・ラオス・スリランカ・ベトナム）から日本に来られた方々を日本料理屋さんにお連れしたことがありました。すると、研修生の方々はお刺身を怖がって食べないのです（天ぷらは安心しておいしく召し上がりました)。唯一、カンボジアから来られた方が、お刺身にチャレンジしたのですが、他の方より、「おおお！　チャレンジャーだな！」と、大注目されていたことがあります。魚を生で食べるというのは、外国の方からすると、驚くべきことなのでしょう。日本の食品衛生の技術はお刺身や生ものをおいしく食べることができる素晴らしい側面があると感じられたかもしれません。

一方、食文化という点では、食品とは何かという定義が宗教上の理由で異なることもあります。ヒンズー教では牛は食べてはいけませんし、イスラム教では牛は食べても良いですが豚は食べてはいけません。このように、地域・宗教により食品の定義が変わる場合もあります。食品とは文化と深いつながりがある存在です。ある地域で食べられる食品を知ることがその地域の文化を知る大きな手掛かりになると思います。また、歴史的にどのような食品を人々が食べていたかを知ることが、歴史を知ること、そして私たち人類とはなにものかを知ることにつながるのだと思っています。

1.1.2 なぜ、人は食べるのか？

人間は、他の生物を食べることにより、自身の存在を他の生き物に依存する動物です。生命維持と活動に必要な栄養素を取り込むため、人間は食べなければなりません。また食べることで、私たちは心が豊かになり、幸福感も得ることができます。人間は「生きるために食べている」側面もありますが食の幸福感を考えると、「食べるために生きている」という側面もあるかもしれません。今日の仕事を終えて、家族と、好きな人との食事を楽しみにしている場合には、「食べるために生きている」側面があるように思えます。しかしそんな平和なことを言えるのは、食べ物に苦労していない現代日本だからかもしれません。食糧問題に関する国際機関であるFAO（国連食糧農業機関）の報告書（2015年）には、世界の栄養不足人口は世界人口の10.9％との記載があります。

1.1.3 食品は生物であり化学物質でもある

例えば、**いま目の前に1つの赤いリンゴがあります。この赤いリンゴは明日も明後日も来週も来年も同じ赤いリンゴでしょうか？**

いいえ。同じ赤いリンゴではありません。リンゴは収穫後も呼吸し、水分やガスを発散させています。リンゴの中では化学反応が起きていて、変質が起こっています。夏場にお刺身を炎天下に置けば、数時間もしないうちに腐ってしまい、毒物に変わってしまうでしょう。食べ物は変化するものです。なぜなら**食べ物は生き物**だからです。生き物は変化します。

一方で変化しないものは何と呼びますか？　解剖学者で東京大学名誉教授の養老孟司先生が、ある講演会で「イキモノ」との対比で、変化しないモノを「オキモノ」と呼んでおられました。ヒトも変化しないと「オキモノ」になりますよといった講演内容だった気がします。

さて、食べ物は、「イキモノ」です。「イキモノ」は変化するゆえに、なにかに影響をあたえる要素をもちます。すなわち、**食べ物はそれ自身変化する**ものですが、生物を**変化させるもの**でもあります。食べ物を食べた時、その食べ物がもつ化学物質（糖類・油脂・タンパク質）は体内の酵素で分解され、身体の中でエネルギーの素材として使える化学物質ATP（アデノシン三燐酸）が生産されます。そしてそれらが体内のエネルギーの補給に活用されます。私たちの身体は私たちの食べている食べ物の化学組成に依存しています。油脂・タンパク質・ミネラルは身体組織を構成するために利用されます。ミネラル・ビタミンは生理作用を調節します。飲食を通じてさまざまな栄養素を取り込み、それらを利用して健康を維持しようとしているのです。

さて玉ねぎを切ると涙を流す経験をした人は多いと思います。玉ねぎを包丁で切ると玉ねぎの細胞に傷がつくことで、ある種の酵素がはたらき始めます。するとこの酵素により玉ねぎがもっているメチオニンやシスチンといった含硫アミノ酸が分解され、催涙性物質である硫化アリルが生成されます。この硫化アリルは揮発性が高く、空気中に蒸発し、この硫化アリルのガスによって涙腺は刺激され、涙が流れるのです。つまり食べ物は「食べた」場合はもちろん、それ以外（例えば調理）でも何かしらの生き物を変化させます。

食品は化学物質の混合物ともいえます。私たちの身の回りの世界は自然界に存在する約90種類のうち、特に25種の元素の組み合わせで構成されています。**食品もまた元素と元素の組み合わせです**。そして食品を食べて生きている私たちの体もこれら元素の組み合わせで成り立っています。

元素の組み合わせでできた化学物質は、その作用で私たちにとって有用にも有害にもなります。**食品では、私たちにとって栄養にもなりますが、毒にもなることがあります**。食品とは、そもそも私たちの体に何らかの作用を及ぼすものです。良い作用ばかりではないのです。この毒になるものから身を守るのが食品衛生でもあります。

ところで、食品はもちろん身の回りの物質を構成している「元素」の起源を考えたとき、究極的な答えとしては、今から約130億年前に起きたビッグ・バンに由来しているということになります。ビッグ・バンにより、宇宙が誕生し、すなわち元素が誕生し、生命も誕生していったのです。私は、空を見ながら、私たちは、ずっと昔からつながる元素のリレーの中にいるのかなと思ったりもします。今日、食事をしたパンの中に含まれる、「ある炭素原子」は、いったいどこから来たのだろう。私の身体に含まれる「ある炭素原子」は、やがてどこにいくのだろう。元素を通じて、私は、つながっている。食品を通じて、私は、つながっている。みんなと、宇宙と、つながっているような感覚になります。

1.2　食品衛生とは

1.2.1　安全な食品を手にすることが人類の長年の願い

私たちは食べなくては生きていけません。祖先も同じでした。しかし、いま私たちが食品とみなしているものが、本当に食べて安全なものかは、長い歴史の経験から得たものです。例えば、初めてリンゴを食べた人は、本当に食べられるものか、ドキドキしたことでしょう。場合によっては、未知の食べものは、毒をもっていて命を失うリスクもあるからです。命がけのチャレンジだったわけです。あるいは人は、ある魚を食べて命を失ったでしょう。ある人は、ある植物を食べてもがき苦しんだかもしれません。**命がけで試した結果、安定的に安全な食糧を得て、食べるための状態・方法・知恵を祖先は見出し、私たちに伝えた**ともいえます。子孫に伝わったものは、やがて整理され、それがいまでは「食品衛生学」の本となっています。あるいは「この本」もそうなのかもしれません。

現代のように本もインターネットもない時代、そのような知恵を祖先はどのように伝えたのでしょうか？

農学者で東京大学名誉教授の唐木英明先生は著書『食の安全と安心を守る』で、「フグ毒もキノコ毒も匂いも味もない。このような毒の危険をどうやって避けたのだろうか。それには、仲間同士の情報交換が役に立つ。危険な食べ物を食べて、苦しんだ経験は忘れないし、その様子を見ていた仲間も危険を知る。そんな動物は、子どもが危険な食べ物に近づかないように教育をするんだろう。人間は言語を獲得し、これをうわさ話に使った。社会を作って暮らす人間にとって、信用できる人とできない人を見極めることが大切だ。そのためにうわさ話が役に立つ。だから今でも人間はうわさ話が大好きなのだが、もちろん危険な食べ物のうわさも仲間に広まり、それを信用しない人は中毒に苦しんだのだろう。うわさを信じることは危険を逃れる手段だった。」と書かれています。正鵠を射ていると思います。

すなわち、私は、言葉が私たちのいのちをつないだと思います。他人からの「教え」や「言い伝え」を信じた人が生き残ったのです。そしてそれらを伝達しあえる間に信頼関係が生まれ、「仲間」が生まれていったのではないでしょうか。信頼できる「仲間」がいて、「仲間」の中で食に関する「言葉」を共有できたから、私たち人類は生き長らえたのではないでしょうか。その「言葉」こそ食品衛生学だと思います。あるいは、食品衛生思想と言ってもよいのかもしれません。それらは私たちの生命と、私たちの生活を衛（まも）る「言葉」です。そしてその「言葉」を伝えることが食品衛生の営みだと思います。**食品衛生にとって「伝える」という行為はとても重要です**。だから私も伝えたいと思っています。

1.2.2　調理は食品衛生

そのままでは食べられないものを食べられるように私たちは調理します。例えばお米は、そのままでは食べられません。食べたらおそらく下痢をするでしょう。調理は、食べ物をおいしくするために行われると理解されていると思いますが、大前提として、より安全な食べ物に変化させるという側面があります。ですから**調理は食品衛生**なのです。加熱による微生物の殺菌をはじめ、さまざまな食品衛生上の意義があるのです。

1.3　食品は安全なものか

1.3.1　食品を安全か安全でないかで区別できるの？

食品は化学物質の混合物です。**栄養になることもあれば毒になることもある**という本質がある以上、一定のリスクがあります。どんなものであれ、口に入れるという行為は一定のリスクがあるのです。

例えば水を飲むという行為は、特に危ない行為と思う人は少ないでしょう。しかし量が過剰だと死ぬ場合もあります。2007年、米国ラジオ番組の企画で行われた「水の大飲み大会」に出場した28歳女性が、水を大量に摂取した際に起こる水中毒により亡くなっています。3人の子供のママだった彼女は、賞品の任天堂Wiiを獲得したいと考えて、がんばったそうです。水中毒は、急速な水分摂取により、体内のミネラルバランスが変化した時に起こります。夏場に建設現場で働く方が一気に水を飲んで水中毒に陥る例もあります。水だって、飲みすぎたら、安全ではありません。

健康食品も「健康」という言葉がついているので、食べて健康になるものと考えてしまいそうです。いわゆる健康食品も、もちろんリスクがあります。高齢者や、健康上のトラブルや不安を抱えている方々の、健康食品に期待する気持ちは、私もよくわかります。しかし、錠剤やカプセル状の健康食品も多いと思いますが、その錠剤やカプセルに、何かしらの、販売者が、効果ありと考える機能成分がそこに濃縮されているわけです。そのときの人への健康影響は、場合によっては、その成分の過剰摂取により、むしろ健康影響が悪い方向に進む場合もあります。また健康食品とされるものもさまざまです。食べて（飲んで）痩せるという健康食品もあるようですが、食べて太るならわかりますが、食べて痩せるというのは栄養学的には不思議な話になります。健康食品は、よくわからないと思われる人もいます。しかし、ふつうは「よくわからない」ものを不安に思う人類も、それでも健康食品に惹かれるのは「健康」という魔法の言葉が食品についているからだと思います。

さて、錠剤や、カプセルは飲みやすいので、ついつい多めに食べて（飲んで）しまうと、過剰摂取のリスクはさらに高まります。**健康管理に必要なのは、食事面では、なによりも、バランスのとれた食事内容と、適切な（食べる時間・食べる量などの）食生活**です。病気になってしまったときは、医師に相談するというのが、もっとも適切な対応方法だと思います。医師による治療中に、健康食品を摂ることがあれば、医師にお話しした方が良いです。飲んでいる薬はもちろん化学物質ですが、その成分と健康食品の含まれる、ある成分が、何らの反応により、健康に悪影響を及ぼす可能性もあるからです。

普段安心して食べている安全と思われる食品をわずかに食べて、命がおびやかされることもあります。アレルギー物質がそれにあたります。例えば、蕎麦（そば）アレルギーの人は、蕎麦を食べることで重篤なアレルギー症状により、生命がおびやかされることがあります。食品の品質として、食品衛生法上問題がない蕎麦であったとしても、あるヒトには深刻な健康影響を引き起こすこともあります。

食品中の化学物質ではない側面からの話になりますが、お餅はどうでしょうか？　お正月の時期、高齢者を中心に、お餅を喉に詰まらせて救急搬送されている事例がたくさんあります。東京都消防庁のデータでは毎年約100件の餅を中心とした窒息事故の救急搬送があります。命を失った例もあります。お餅だって死ぬかもしれないのです。パンですら喉に詰まらせて亡くなった人を私は知っています。

食品は、ある意味、異物を体に取り入れるわけですから、リスクが必ずあるのです。**ゼロリスクの（リスクがまったくない）食品は存在しません。**

「食品安全」という言葉があります。ぜったい「安全」な食品は存在しないのですから「食品安全」という言葉は奇妙な側面をもっています。私が食品衛生学実験の授業で使う教科書『食品・環境の衛生検査』（朝倉書店）を共著させていただいた衛生微生物学者でNPO法人カビ相談センター代表の高鳥浩介先生は「ゼロリスクの食品はないのですから、「食品安全」は誤解を招きやすい言葉」だとお話されていました。わが国では、内閣府に「食品安全委員会」という組織がありますが、この名称も奇妙だと高鳥先生はお話されておられました。

「食品安全」と聞くと、この言葉に影響され、私たちはゼロリスクを求めてしまう部分があるかもしれません。食品安全という言葉はすでに定着していますが、「食品リスク」だったり「食品の安全性」という言葉がより本来の意味を反映できる気がします。内閣府「食品安全委員会」は、食品のリスクを科学的に評価する委員会ですが、「食品リスク委員会」あるいは「食品の安全性検討委員会」と呼んだ方が、より実態に近い委員会名のようにも思えます。

1.3.2　食品衛生と食品安全

「食品衛生」と「食品安全」は似た言葉で、私も同じような意味として使っていますが、厳密に考えると意味合いが少し違うように思います。英語で言うと「食品衛生」はfood hygieneやfood sanitationがあてはまり、食品安全はfood safetyになると思います。また前者は微生物学的な意味合いでの使われ方が強い印象もあります。

「食品衛生」は、「食品安全」に到達するための手段と方法と理解して良いと思います。食品の安全性に関する国際規格を策定するコーデックス委員会では、「食品衛生」を「フードチェーンのすべての段階において、食品の安全性、妥当性を確保するために必要なあらゆる状態や手段である」と定義しています。さて、「食品安全」ですが、同じくコーデックス委員会では、「予期された方法や意図された方法で作ったり、食べたりした場合に、その食品が、食べた人に害を与えないという保証」としています。

先に述べたように、食品が、絶対に安全であることはありえません。コーデックス委員会では、安全とは、「許容できないレベルのリスクがないということである」としています。つまり**リスクが必ずあることを前提にして、食品の安全性を考えている**のです。

私は、大学で「食品安全学」でもなく、「食安全学」という名前の講義も担当しています。「品」の字が抜けているぶん、「品がない」授業になっているかも？です。

1.3.3　飢餓の時に、食べ過ぎて死ぬこともある？

先ほど紹介した水中毒に似ていますが、高度の低栄養状態の時に、十分な栄養を摂ると、さまざまな身体症状を呈し、場合によっては命を失うことがあります。医学書で一番初めてこの現象が紹介された事例としては、日本軍が東南アジアで捕虜にしていた（栄養不足だった）米兵が解放され、食事を与えたところ、さまざまな身体症状が生じたとの報告があります。慢性的に栄養不良状態の人にいきなり十分量の栄養を与えたときの身体症状をリフィーディング症候群（refeeding syndrome）と呼びます。このリフィーディング症候群の最も古い記録として、1581年の豊臣秀吉の鳥取城攻略の記録（信長公記）があります。豊臣秀吉は戦略として兵糧攻めをよく行いました。城内は極端な飢餓状態で悲惨な状況に至りました。見かねた城主は、自決の条件で開城し、城兵の命を助けることとしました。秀吉は城兵のために道のほとりに大釜を並べて、粥を煮ました。それを見た城兵たちは粥をむさぼり食べたのです。しかし急に食べたため、せっかく生き長らえた者もほとんど死んでしまったそうです。衛生上問題はなくても、極端な飢餓状態に急に食事をすると人は死ぬのです。

1.3.4　「飲食とは死への静かなる助走」

私たちは食べることで生きられる一方で、食べることで病気のリスクを増しているともいえます。相反する「生」と「死」とつながった行為が「食」ともいえると思います。

芥川賞作家に大道珠貴さんという方がおられます。この方の名字は、私と同じ「大道」ですが親戚ではありません（私は「おおみち」、あちらは「だいどう」ですし）。この大道珠貴さんのエッセイ『東京居酒屋探訪』の中で、「食は、死ぬための、静かなる助走」というフレーズがあり、私は呻（うな）ってしまいました。なるほど、そういう見方もあるなと思ったのです。

不健康な食生活を続けていると生活習慣病にもなります。食べ方次第では、「助走」どころか死への全力疾走にもなりかねないとも思います。食べものにも食べ方にも「リスク」が付きまといます。「飲食とは死への静かなる助走」というフレーズは、いろいろ考えさせられる一文だと思います。

1.3.5　「口は災いのもと」

「口は災いのもと」の本来の意味は、不用意な発言は身を滅ぼす要因となることもあり、言葉が災難をもたらすことを意味しますが、食品衛生の視点でこの言葉をみると、不用意な食品の摂取は身を滅ぼす要因となることもあり、食品が災難をもたらすと読めなくもないなと思います。

哲学者の鷲田清一さんは、著書『悲鳴をあげる身体』の中で「口というのはほんとうに忙しい器官だ。……（中略）……まるで、〈いのち〉のいろんなかたちがそこに凝集してきているような部位である。だからだろうか、いのちのぎくしゃく、いのちの不安定、いのちのトラブルはほとんどなんらかのかたちでこの場所におよんでくる。過食や拒食におちいる、極端な早食いになる、息を吸い過ぎて過換気症にはまる、爪や鉛筆を噛みちぎる、憑かれたように話しつづける……。」と記されています。

口は健康の入り口でもある一方で、身体のバランスを崩すきっかけでもあります。そして、身体のバランスを崩したとき、口という器官は正直にその身体の悲鳴を物語るのかもしれません。

口は災いのもとです。

1.3.6 輸入食品は安全か

輸入食品、特に中国産は危ないのでは？というイメージを持つ方は多いのではないでしょうか。厚生労働省の発表している輸入食品監視統計（平成29年度）によると、すべての輸入国を対象に行った検査の合計は200,233件にのぼり、その検査数に対して821件の違反があります。違反率＝（違反件数）÷（検査件数）とすると、違反率は0.41％です。重量ベースでも計算してみます。検査した対象の重量は5,695,186トンで、うち違反が16,768トンですから、重量ベースでの違反率は、0.29％になります。

さて中国からの輸入の検査をみてみると、75,173件の検査が実施され、191件の違反が見つかっています。違反率は0.25％になります。重量ベースでみると、796,243トンが検査の対象となっており、そのうちの違反は1,345トンです。違反率は0.16％です。こうみると、中国の違反率は件数でも重量ベースでも他国より著しく高いこともなく、むしろ低いといえます。

次に検査率をみてみます。平成29年の輸入届出件数は2,430,070件、届出重量では33,749,490トンです。すごい量ですね。この量は年々増えています。

このうちの検査率＝（検査件数）÷（輸入件数）とすると、検査率は8.23％になります。重量ベースだと16.8％です。検査は輸入届け出件数のおおよそ1割近くが検査されています。では中国からの輸入食品検査はどうかというと、検査率は、件数ベースで9.53％、重量ベースで20.4％です。すなわち、中国産は他国よりは、少し多く検査されているといえます。他国より頻度が高く検査され、違反率は平均よりも低いのです（表1-1参照）。

表1-1　輸入食品の違反率

	検査件数	検査重量	違反件数	違反率（件数）	違反率（重量）	検査率（件数）	検査率（重量）
中国	75,173	1,345 トン	191	0.25%	0.16%	9.53%	20.4%
全体	200,233	5,695,186 トン	821	0.41%	0.29%	8.23%	16.8%

出典：平成29年度輸入食品監視統計

それなのに、なぜ、中国産は危ない？というイメージがあるのでしょうか？　おそらく私は、メラニン事件や冷凍餃子への農薬混入事件が、報道され注目されたこともあるように、中国産の食品の中には、センセーショナルな、通常では考えにくい食品衛生上の問題がしばしば過去に取り上げられたことが理由の一つと考えられます。

中国の山東省は野菜等を多く日本に輸出している地域です。私は山東省の日系食品企業を訪問したことがあるのですが、そこでは日本向けに厳しい基準をクリアしたものを輸出するようにしているというお話を聞きました。また日系企業が日本に輸出していることから「中日貿易」ではなくて「日日貿易」ではないかと指摘する中国人もいます。

中国産に限らず輸入食品は、国産より流通工程が多いという点では食品衛生上のリスクがあるのかもしれません。しかし、産地はどこであろうと、**大切なのはどのような衛生管理を生産者・加工者・流通者が行っているか**です。

国産であっても違反のものはあります。平成28年6月と7月に東京都が実施した検査では、国産の食品衛生法違反率は0.09％（5,775検体中5検体違反）であり、輸入食品の違反率は0.36％（557検体中2検体）です。検査数で国産と輸入に差がありますし、厳密に比較はできませんが、特に輸入品が著しく高い違反率とは私には思えません。

1.4 食品のリスクとハザード

1.4.1 食品のリスク

リスクとは、健康に悪影響を及ぼす要因（ハザード）をどのくらい体に取り込むとどのような症状が出るかという程度と、そのハザードに出会う確率の関数（病気になる確率）といえるでしょう。

例えば、私がお昼休みに勤務先大学の正門の前に横たわるとします。昼休みにはたくさんの学生が往来します。そのため私は往来する学生に踏まれることになります。この場合、ハザードは学生です。また被害の程度ですが、人に踏まれたぐらいならかすり傷程度で済むでしょう。一方でハザードに出会う確率は高いです。昼休み頃にはまれに車も通行します。この場合、車がハザードです。そして車に踏まれたら、学生に踏まれた以上に大きなけがをしてしまいます。場合によっては死亡します。その被害にあう確率は、私の大学の正門前ですと、車はそう多く通らないので、学生に踏まれる確率よりは低いです。

食品のリスクは上述の、学生や車を病原菌やウイルス、残留農薬、食品添加物などの危害要因に置き換え、その要因がどの程度の健康被害を出す程度のもので、その要因に出会う確率はどの程度かを考えることになります。

さて、リスクは健康影響だけでなく社会影響も考えることがあります。さきほどの大学正門前で私が横たわった場合、学生に踏まれて痛いか怪我をするかといった健康影響よりも、そういうことを本当にしてしまったら、不審者としてみなされるでしょう。そして失業のリスクがあります。そして大学は私に代わる新しい先生を探すことになるかもしれません。健康影響より、そういった社会的影響もありそうです。

食品のリスクも、健康影響だけでなく社会的影響も考える場合があります。

さてハザードは管理もできます。前出の私がお昼休みに勤務先大学の正門の前に横たわった場合のたとえでいくと、私がけがをしないためには、けがの要因となるハザードの人や車の通行を止めればよいわけです。学生に踏まれないように、学生は教室に、車は駐車場に封じ込めておけば、私はハザードであるヒト（学生）にも車にも出会うことなく、私はケガをせず健康被害を受けません。封じ込めるとは管理をするということです。ハザードが食品中に含まれる物質の場合、それを管理することが食品衛生管理になると思います。

1.4.2　ハザード（健康危害要因）

健康に悪影響を及ぼす要因（ハザード）は、生物学的危害要因、化学的危害要因、物理的危害要因の3つに大きく分けることができます。それぞれどんなものがあるのでしょうか。

○生物学的危害要因

食中毒細菌などの病原細菌、腐敗にかかわる細菌、ウイルスなどの微生物と原虫を含む寄生虫があります。

実際の食品のハザードとしては、生物学的危害要因が、多くを占めると考えられます。

○化学的危害要因

カビ毒、貝毒、ソラニン、ヒスタミンなどの生物に由来する科学的危害要因や、食品添加物のような人為的に添加される物質、偶発的に存在する化学的危害要因が考えられます。偶発的に存在する例としては、家畜中の抗生物質、殺虫剤、殺鼠剤などが考えられます。

○物理的危害要因

ガラス片、金属片などがあります。物理的危害要因は健康被害に直結するものと、そうでないものに分けられます。

前者の例としては、金属破片、ガラス片、石など物理的作用により口腔内を傷つける固形物や、放射線や食品が置かれる温度の状態などがあります。

後者の例には髪の毛があります。髪の毛は健康被害に直結しませんが、不衛生・汚らしい・不快といった気持ちを抱かせます。また不衛生感だけでなく、危害に結びつく場合もあります。髪の毛に病原菌が付着しているかもしれません。

1.4.3　異物いろいろ

ブルーベリーに散弾銃の流れ弾の一部が混入していたことがあります。なぜかというとブルーベリー畑で鳥を追っ払うために散弾銃を打ち、それが混入したようです。放牧中に散弾銃の流れ弾にあたり、そのまま残留した牛肉の事例もあります。牛肉から注射針が出てくる事例もあります。ワクチン接種時に折れ、そのまま残留したのです。このような異物は稀(まれ)な事例であると思いますが、食品中に異物があることはしばしばあります。

しかし、食品の異物で、最も代表的なものとして挙げられるものは、髪の毛ではないでしょうか。

○髪の毛混入の可能性は？

髪の毛が食品に混入していると不愉快な気持ちを抱かせます。飲食店や食品産業ではクレームの原因にもなります。そのため、食品事業者は、髪の毛が混入しないよう、特に注意した方が良いでしょう。

髪の毛は抜けるものです。これは髪の毛の寿命（ヘアサイクル）と関係しています。髪の毛の寿命は、発毛期、成長期、退行期、休止期の順のサイクルになります。まず発毛期に毛母細胞から新しい毛髪が作られ、頭皮の外に毛が現れます。その後、細胞分裂を繰り返し、平均1日0.4 mm伸びていく成長期を迎えます。この成長期は1～7年（平均5年）程度になります。成長期が長い人は抜け毛が少なく、成長期が短い人が抜け毛は多くなります。やがて成長がとまり、毛髪が抜ける準備をする退行期（2～3週間）となります。そして毛根が頭皮の近くまで上がってくる休止期になります。頭皮との固着力も弱まり、シャンプーなどの物理的な刺激で抜けてしまいます。毛根が頭皮の近くまで上がってきているため、毛細血管や神経からも離れ、近くなくなっています。そのため抜けても痛くないわけです。抜け毛の多くがこの休止期によるものです。

抜ける本数は個人差があり、1日で数本～200本以上と幅広いようです。平均的には40本前後の人が多く、その抜け毛の70％がシャンプーのときで、毛髪を乾かすとき25％との報告があります。つまりお風呂に行った時に95％が抜けているようです。ですから食事を作っている時に、髪の毛がたくさん混入する可能性が高いとはいえませんが、ゼロではありません。

ヒトの抜け毛は季節によってとくに違いはないようです。ただどちらかというと夏に抜け毛が多いようです。暑い時期・室温の高い環境下では抜け毛のリスクは少し高まります。

参考図書・資料

- 菅家祐輔，白尾美佳編著：食べ物と健康　食品衛生学，光生館，2013
- 日本食品衛生学会編集：食品安全の事典，朝倉書店，2009
- 小城勝相，一色賢司編著：食安全性学，放送大学教育振興会，2014
- 今村知明：食品の安全とはなにか―食品安全の基礎知識と食品防御，コープ出版，2009
- FAO：世界の食料不足の現状　2015年報告，2015
  http://www.fao.org/3/a-i4646o.pdf（2018年8月16日閲覧）
- 関澤 純：これ、食べたらからだにいいの？　食と健康―「安全」と「安心」のギャップをうめる，コープ出版，2010
- 中西準子：食のリスク学―氾濫する「安全・安心」をよみとく視点，日本評論社，2010
- 東京大学　食の安全研究センター：食の安全科学の展開―食のリスク予測と制御に向けて―，シーエムシー出版，2010
- 安井 至：安全と安心はどう違うか―安心できない市民へのメッセージ，日本石鹸洗剤工業会JSDAクリーンセミナー，講演資料（2008年4月3日），2008
- 唐木英明，久米 均，寺田雅昭ら：食の安全と安心を守る，日本学術協力財団，2005
- 松永和紀：食の安全と環境「気分のエコ」にはだまされない，日本評論社，2010
- 畝山智香子：「安全なたべもの」ってなんだろう？放射線と食品のリスクを考える，日本評論社，2011
- AFPBBニュース：Wii景品の水飲み大会で死亡女性、米裁判所が15億円の賠償金支払い判決，2009
  http://www.afpbb.com/articles/-/2658772（2018年8月16日閲覧）
- 中屋 豊，坂上 浩，原田永勝：リフィーディング症候群，四国医誌68巻1,2号，23-28，2012
- 大道珠貴：東京居酒屋探訪，講談社，2009
- 鷲田清一：悲鳴をあげる身体、PHP研究所，1998
- 厚生労働省：平成29年度輸入食品監視統計，2018年8月

https://www.mhlw.go.jp/content/000350783.pdf（2018年9月12日閲覧）

- 東京都福祉保健局：報道発表資料　輸入食品の検査結果，2016年8月29日
http://www.metro.tokyo.jp/tosei/hodohappyo/press/2016/08/29/10_01.html
（2018年8月16日閲覧）
- 東京消防庁ホームページ：餅による窒息事故に注意，2017
http://www.tfd.metro.tokyo.jp/camp/2017/201712/
camp1.html#noteSuffocationDeath（2018年8月16日閲覧）
- 小久保彌太郎編集：HACCPシステム実施のための資料集，日本食品衛生協会，2007
- 小久保彌太郎，荒木惠美子，高鳥直樹，豊福肇，長坂豊道：改訂　食品の安全を創るHACCP，日本食品衛生協会，2008
- 里見弘治，伊藤連太郎，山本茂貴，小久保彌太郎：改訂　HACCPプラン作成ガイド，日本食品衛生協会，2008
- 生沼 研：毛髪の基本となぜ髪の毛は抜けるのか？，月刊HACCP，2018年3月号，50-54，2018
- 菅家祐輔：簡明　食品衛生学　第2版，光生館，2012

第2章

食品衛生管理

2.1 食品衛生管理のしくみ

2.1.1 HACCPの概念

1960年代のアメリカのアポロ宇宙計画の中で、宇宙食の安全性を高度に保証するために考案された食品衛生管理手法にHazard Analysis and Critical Control Pointというものがあります。英文で表記した時に頭文字の略語としてHACCP（ハサップ、ハセップ、ハシップともいう）と呼ばれています。平成30年6月に、わが国では食品衛生法改正案が公布されましたが、その中では、すべての食品等事業者がHACCPに沿った衛生管理に取り組むこととなっています。したがって、HACCPに基づく衛生管理が、全ての食品製造・販売業を対象に義務化となります。

HACCPシステムは、食品の製造にあたっては、**各工程で発生する可能性のある食品衛生上の危害要因（Hazard）をあらかじめ分析（Analysis）し、製造工程のどの段階でどのような対策を講じておけば安全性が確保された食品が製造できるのかという「重要管理点」（CCP：Critical Control Point）を設定します。この「重要管理点」を連続的に管理することによって、最終製品の安全性を保証する**というものです。

従来、製造された食品の安全性の確認は、最終製品の抜き取り検査により行われてきました。この場合、抽出され（抜き取られ）、検査された製品以外の安全性についての確証は不明となります。ロットの中から抽出した数検体はたまたま合格でも、同じロットに（抽出されなかったものが）不合格品かもしれないわけです。これに対しHACCPシステムでは、原料の入荷から製品の出荷までのすべての工程にて、危害分析のうえで重要管理点を適切に管理することで、不良製品の出荷を未然に防ごうとするものとなります。

なおHACCPシステムによる衛生管理の基礎として「衛生標準作業手順書」（SSOP：Sanitation Standard Operating Procedures）の導入など、一般的衛生管理プログラムが適切に実施される必要があります。

HACCPシステムは1973年に米国FDA（食品医薬品局）により低酸素缶詰の適正製造規範（GMP：Good Manufacturing Practices）に考え方

が取り入れられ、1993年には（食品安全に関する国際的な規格を策定する団体である）コーデックス委員会からもガイドラインが発表され、米国・EU他、各国で国際的にも認められてきていました。

わが国では、公的な認証として、食肉製品、乳・乳製品、魚肉練り製品、清涼飲料水、容器包装詰加圧加熱殺菌食品（いわゆるレトルト食品）の6種類の食品群を製造する施設に対して、その施設が行う衛生管理がHACCPシステムによる衛生管理基準に適合した場合に、厚生労働大臣はその製造施設を承認する総合衛生管理製造過程承認制度（通称；マル総）が、1996年からありましたが、HACCP義務化の食品衛生法の改正により、制度は廃止になります。

政府は2020年までにHACCPの義務化を行えることを目指しています。2020年には東京オリンピック・パラリンピックが開催されます。世界の注目が日本に向けられる2020年には、食品衛生管理への取り組みを世界に示したいというねらいが政府にはあります。なお、制度化にあたっては、大手にはHACCPに基づく衛生管理計画の策定を義務づける（基準A）、小規模事業者には緩やかな運用を認める（基準B）こととする方向性となっています。

2.1.2 一般的衛生管理プログラム

HACCPシステムの導入にあたっては、安全で衛生的な原材料を使用し、作業環境が衛生的であることが前提です（図2-1）。そのための一般的衛生管理プログラムはHACCPシステムの実効のためには不可欠である。

一般的衛生管理プログラムは、都道府県が定める条例による「施設基準」や「管理運営基準」が遵守されることによって保証されると考えられています。HACCPの義務化を前提に、2014（平成26）年5月に「食品等事業者が実施すべき管理運営基準に関する指針（ガイドライン）」が改正され、従来の基準に加え、新たにHACCPを用いた衛生管理を行う場合の「管理運営基準」を規定しています。

コーデックス委員会では「食品衛生の一般的原則」として、HACCPシステムの基礎として整備されなくてはならない要件を示していますが、それらは原材料の生産、食品の取扱管理、食品の搬送、製品の情報と消費者の意識、施設の設計と整備、施設の保守と衛生管理、ヒトの衛生管理、食品取扱者の教育・訓練の衛生管理の基礎となるべき要件に及んでいます。これらの要件項目をSSOPに基づき実施することでHACCPシステムによる衛生管理の初期の目標を達成できるとしています。

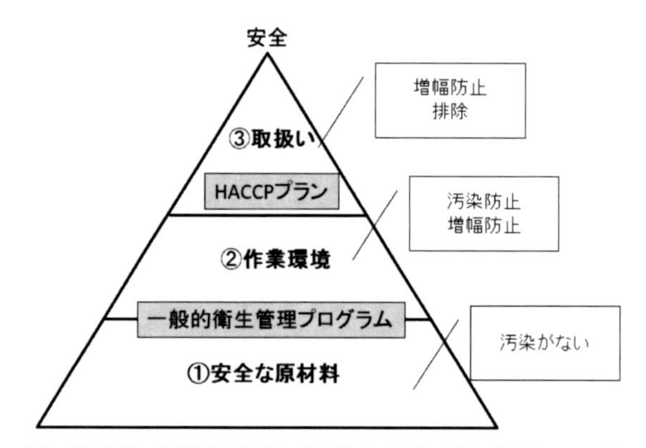

出典：菅家祐輔・白尾美佳編著「食べ物と健康　食品衛生学」（光生館、2013年）、p154を引用、一部改変

図2-1　HACCPシステムの概念図

2.1.3　安全な食品の製造・加工

安全な食品を製造・加工するには、「**食品からハザード（健康に悪影響をもたらす原因となる可能性のある食品中の物質または食品の状態）を確実に除く**」ことが必要です。そのための3条件とは、

①ハザードの存在しない原材料を使用する。

②施設・設備・器具、作業員などの食品の取扱い環境を整える。すなわち、ハザードを食品に汚染、混入、増加させないこと。

③原材料や取扱い環境に由来する可能性のある食品中のハザードを製造加工における取扱いにより確実に減少、排除する。

となります。

原材料の搬入から最終製品の搬出までの過程で、上記の条件③を確実に行うことがHACCPシステムです。そのためのプランが、HACCPプランと呼ばれるものです。ただし、その前提条件として、①及び②が位置付けられます。これが一般的衛生管理プログラムと呼ばれるものにあたります(図2-1の①と②にも相当します)。

表2-1　HACCPシステムの特徴

1．食品の安全性確保
2．予防を目的とした衛生管理
3．科学的根拠に基づくシステム
4．原材料の搬入から最終製品の搬出まで
5．工程（集中）管理システム
6．マニュアル化：7原則12手順
7．記録化（文書化）
8．自主衛生管理システム

出典：HACCP連絡協議会主催　第22回HACCP専門講師養成講習会(2008.213-15)　講習会資料p16より引用

表2-1はHACCPシステムのしくみの特徴を挙げたものです。特筆すべきHACCPシステムの特徴としては、手順が定められていることがあります。そこで、その手順について説明いたします。

2.1.4　HACCPシステム適用のための7原則12手順

HACCPシステムによる衛生管理を導入するにあたってはコーデックス委員会の「HACCPシステム適用のガイドライン」にある7原則を含む12の手順を踏みながら、組織的、計画的、段階的に進める必要があります。

【HACCPの7原則12手順】

手順1：HACCPチームの編成

製品・製造工程に関して専門的な知識や技術を有する者などをメンバー

とするチームを編成し、以下の作業を行って、HACCPプランを作成し導入していきます。

手順2：製品についての記述

製品の名称及び種類、原材料名（添加物を含む）とその特性、包装形態、成分規格などを明らかにして記載します（製品説明書の作成）。

手順3：使用についての記述

その製品を、いつ、だれが、どこで、どのようにして食べることが意図されているのか、その使用用途を明確にして記述します（すなわち製品説明書をまとめる作業になります）。

手順4：フローダイアグラム（製造工程図）の作成

原材料の受け入れから製品の出荷までの作業・工程について相互関係がわかる明確で正確なフローダイアグラムを作成する。フローダイアグラムには各工程における衛生管理上の重要な情報や、汚染区、準清浄区、清浄区の区別なども明記します。

また、コーデックス委員会の「HACCPシステム適用のガイドライン」には示されていませんが、施設内の汚染の可能性を把握し、予測される危害の評価のために、施設の図面の作成や、各工程の作業を記載したSSOPもあわせて作成することになります。施設の図面には物品と人の流れなども記します。

手順5：フローダイアグラムの現場確認

実際に現場の作業を観察し、手順4で作成したフローダイアグラム、施設の図面、SSOPと一致しているのかを確認します。実態が作成したものと合っていない場合には変更します。

手順6：危害分析（Hazard Analysis）（原則1）

各工程におけるすべての危害要因（ハザード）を列挙します。危害要因には生物学的危害要因、化学的危害要因、物理的危害要因がありますが、それら危害要因による健康被害の発生頻度とその被害の程度を分析・評価します。そのうえで、危害要因の排除または許容レベルまで低減させる管理方法を明確にします。

言い換えると、**「安全な食品は、どうすれば作れるか？」**、**「どのようなハザードがどのようなときに汚染し、増えるか？」**、**「それを防ぐにはどうすればよいか？」**を考え、危害リストを作成する作業になります。

手順7：重要管理点（CCP）の決定（原則2）

危害分析の結果を受けて、特にその工程で食品から危害要因を低減、排除しないと最終製品の安全性が保証できない、重要に管理されるべき工程を重要管理点（CCP）として定めます。言い換えると、**どの工程を注意するのか**を決めることになります。CCPは事業者自らが決定し、また自ら管理が可能なものです。ただし一般的衛生管理プログラムによって十分に危害要因を管理できる場合はCCPとはならないとされます。

手順8：管理基準（CL：Critical Limit）の設定（原則3）

CCPにおいて危害発生を予防するための管理基準（CL：Critical Limit）を設定します。すなわち、その工程で、**「どんな基準で管理状態を判断すればよいか？」**を決めます。管理基準（CL）はCCPを管理し、製品の安全性を確保するために許容できる指標（パラメータ）の基準（限界値）です。このCLは危害分析の際に得た科学的な根拠に基づいて設定されます。管理基準に用いられる指標はリアルタイムに管理・判断できるものを用い、例えば温度、時間、pH、水分活性などを用います。

手順9：モニタリング（Monitoring）方法の設定（原則4）

CCPが管理基準（CL）の範囲内に管理されているかを、どのようにして測定し記録（モニタリング）するのかを決めます。つまり、**「どのような方法で判断するか？」**を決めます。モニタリングの結果は、適切に工程が管理されている証拠もしくは管理基準（CL）を逸脱した場合の改善措置を講じる際の情報として、正確に記録されている必要があります。

手順10：改善措置（Corrective Action）の設定（原則5）

手順9のモニタリングの結果、管理基準（CL）を逸脱した場合にとるべき措置をあらかじめ定めておきます。すなわち、「**基準からはずれていることがわかったら、どうするのか？**」を決めることになります。また問題が発生した場合には、実際に行われた措置の記録を残しておきます。

手順11：検証方法（Verification）の設定（原則6）

HACCPプランが適切に実行されているかを確認する方法と、HACCPプランに修正が必要かどうかを判定するための方法をあらかじめ決めます。「**自分が行っている管理に間違いや手抜かりはないか？**」を確認するステップです。

手順12：記録の文書化（Documentation）と記録保持方法（Record Keeping）の設定（原則7）

「**以上の手順や判断結果を記録に残さなくてよいか？**」を考えます。HACCPプランの作成と実施の記録を正確に残しそれを保存することでHACCPシステムが適切に稼働していることを判断する証拠となります。その記録のつけ方と記録の保存方法をあらかじめ決めておきます。

2.2 国内の行政のしくみ

2.2.1 食品の安全性の確保に関するリスクアナリシス

集団が食品中にある危害要因（ハザード：Hazard）を摂取することによって人の健康に悪影響を及ぼす可能性がある場合に、その発生を防止し、またはそのリスク（Risk）を低減・制御するための手法として、リスク分析（リスクアナリシス：Risk Analysis）があります。リスク分析は、リスク評価、リスク管理及びリスクコミュニケーションの3つの要素からなり

表2-2　鶏肉のから揚げにおけるHACCPプランの例

<table>
<tr><th>工程</th><th>危害
(ハザード)</th><th>管理手段</th><th>CCP
または
PP（※）</th><th>管理基準
(CL)</th><th>モニタリング手順</th><th>改善措置</th><th>記録</th></tr>
<tr><td>原料受入</td><td>病原菌汚染、有害化学物質の残留、異物混入</td><td>受入時の検品・納入業者の検査証明書</td><td>PP</td><td colspan="4">鮮度、異物混入、搬入温度などをチェックする。不良品は返品する。衛生検査証明書を徴収し、検収日時記録とともに保存する</td></tr>
<tr><td>原料保管</td><td>微生物の増殖</td><td>冷蔵または冷凍</td><td>PP</td><td colspan="4">生鮮食材は5℃以下で2日以内の保存にとどめ、保管温度は自記温度計でチェックし、保管時間は仕入れ日時のラベル表示で確認する</td></tr>
<tr><td>醤油と味りんを3:1で混ぜて調味液を作成</td><td>計量カップ、ボウル、箸からの細菌汚染</td><td>使用器具の使用前の洗浄</td><td>PP</td><td colspan="4">汚れがないことを肉眼で確認する</td></tr>
<tr><td>鶏肉を時々しゃもじで攪拌しながら調味液に30分間漬込む</td><td>しゃもじからの細菌汚染</td><td>使用器具の使用前の洗浄</td><td>PP</td><td colspan="4">汚れがないことを肉眼で確認する。漬込み時間を記録する</td></tr>
<tr><td>バット中で鶏肉に小麦粉を手でまぶす</td><td>バットや手指からの病原菌汚染、小麦粉中の異物混入（付着）、毛髪の混入</td><td>清潔なバット、異物のない小麦粉の使用、手指の洗浄、作業帽着用</td><td>PP</td><td colspan="4">汚れや異物が付着していないことを確認する。作業前後の手指消毒を行う</td></tr>
<tr><td>油で揚げる</td><td>加熱不足による病原菌残存、変質油の付着</td><td>十分な加熱、変質油は不使用</td><td>CCP</td><td>中心温度が75℃、1分以上、使用油のAVは3未満、POVは30未満</td><td>中心温度計による中心温度測定とタイマーによる時間測定、油の変質度をチェッカーで測定</td><td>揚げ直し、変質油であれば新鮮油に取替える</td><td>中心温度と加熱時間、AV、POV値の記録</td></tr>
<tr><td>バットで放冷</td><td>バットからの病原菌汚染</td><td>バットの洗浄消毒</td><td>PP</td><td colspan="4">汚れがないことを肉眼で確認する</td></tr>
<tr><td>容器に小分け（盛り付け）</td><td>トングや手指からの病原菌汚染、毛髪混入</td><td>トングや手指からの菌を付けない。作業帽使用</td><td>PP</td><td colspan="4">トングの洗浄消毒、手指の洗浄消毒または使い捨て手袋を使用する。盛り付け終了時刻の記録と表示をする</td></tr>
<tr><td>保管</td><td>残存病原菌の増殖</td><td>保管時間と保管温度の管理</td><td>CCP</td><td>25℃以下または55℃以上で最大10時間以内</td><td>盛り付け終了時刻からの時間を時計で計測、保管温度を計測</td><td>廃棄</td><td>保管温度、保管時間、廃棄量の記録</td></tr>
</table>

AV: acid value（酸価）, POV: peroxide value（過酸化物価）※ PPとは、Prerequisite Programsの頭文字であり、一般的衛生管理事項で行うべき作業工程のことである。その箇所で行うべき衛生管理例を右欄で記載してある。出典：一色賢司編、「食品衛生学　第3版」（東京化学同人、2010年）P166 表9.7を引用、一部改変

ます。

リスクとは、食品中に危害要因が存在する結果として生じる人の健康に悪影響が起きる可能性とその程度であり、

（リスクの大きさ）＝（危害要因による被害の程度）×（被害にあう確率）

の関数のようにとらえることもできます。

食品の安全には「絶対」はなくゼロリスクは存在しません。**「食品にはリスクが存在する」ということを前提にして、科学的知見に基づきながら、われわれは食品のリスクを低減・制御していく必要があります。**そのためにも、リスク評価、リスク管理及びリスクコミュニケーションの3つの要素が相互に作用し合うことが重要といえます（図2-2）。

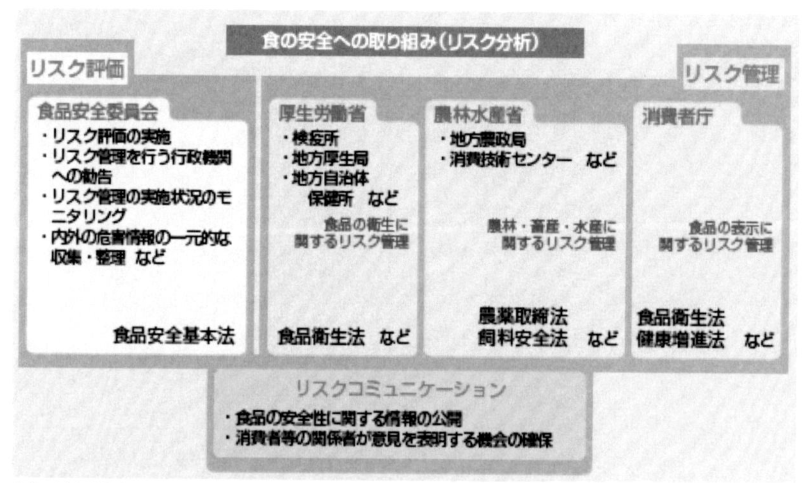

出典：厚生労働省パンフレット「食品の安全確保に向けた取組」（https://www.mhlw.go.jp/topics/bukyoku/iyaku/syoku-anzen/dl/pamph01.pdf） 2018年12月16日閲覧

図2-2　リスク分析3要素

（1）リスク評価（リスクアセスメント：Risk Assessment）

食品中に含まれる危害要因（ハザード）を摂取することで、**人の健康にどのくらいの確率で、どの程度の悪影響を及ぼすかについて、科学的評価**を行うことです。①危害要因判定、②曝露評価、③リスク判定を科学的に行うプロセスからなります。わが国の場合、内閣府食品安全委員会がリスク評価を行っています。

(2)リスク管理(リスクマネジメント:Risk Management)

リスク評価の結果に基づいて、すべての関係者と協議しながら、実行可能性、国民感情などさまざまな事情を考慮した上で、**リスクを最小化する選択肢を慎重に検討し、適切な政策・措置(規格や基準の設定など)を決定、実施**することです。わが国では、厚生労働省、農林水産省、消費者庁などがリスク管理を担っています。

(3)リスクコミュニケーション(Risk Communication)

リスク評価の知見、リスク管理決定の判断根拠を含め、リスク分析の全過程における、**リスクや関連する事項・情報・意見などを、リスク評価者(内閣府食品安全委員会)、リスク管理者(厚生労働省・農林水産省・消費者庁)、消費者、産業界(食品関連事業者など)、科学者、その他関係者間で、相互交換**することです。行政による国民への一方的な情報提供ではなく、関係者間双方向での対話を意味しています。内閣府食品安全委員会において、リスクコミュニケーションの総合調整を行っています。

ところで、上述のRisk Assessmentはリスク評価に、Risk Managementはリスク管理と日本語に訳しているのに、Risk Communicationはリスクコミュニケーションとすべてカタカナ語なのでしょうか。あえて訳するならリスク意見交換になります。「リスクコミュニケーション」と、カタカナ語のままになっている理由は、コミュニケーションという概念が、日本語にうまく訳せないからだと思います。同様にRiskもリスクとカタカナ語です。リスクもコミュニケーションも日本人にはわかりにくい概念で、それゆえ訳せないのではないでしょうか。

2.2.2 食品安全基本法と食品衛生法

2001(平成13)年、わが国初の牛海綿状脳症(BSE:Bovine Spongiform Encephalopathy)が発生したことを契機に、食品安全に関するさまざまな問題が表面化し、国民の信頼が大きく揺らぎました。そこで、BSE問題に対する行政対応上の問題の検証と、今後の畜産・食品衛生行政のあり方について客観的・科学的に検証するため、農林水産省大臣と厚生労働大臣の私的諮問機関として「BSE問題に関する調査検討委員会」が発足し、審議の末、「リスク分析を導入し、消費者の健康保護を優先とする基本原則を確立し、食品の安全確保のための包括的な法律を制定」や「独立性・一貫性をもつリスク評価のための新たな食品安全行政機関の設置」などを政府に提言する報告書が、2002（平成14）年4月に取りまとめられました。このことを受け、食品安全行政に関する関係閣僚会議が同年6月に「今後の食品安全行政のあり方について」を取りまとめ、政府は食品安全基本法の制定と食品安全委員会の設置など、法制度と行政組織の抜本的見直しを図ることになりました。

（1）食品安全基本法

わが国の食品安全の基本となる法律として、2003（平成15）年に公布され、同年7月に施行されました。同時に食品安全委員会が内閣府に設置されました。食品安全基本法の基本理念では、①国民の健康の保護が最も重要であり、そのために必要な措置が講じられること（第3条）、②食品供給行程の各段階における適切な措置（第4条）、③国民の健康への悪影響未然防止（第5条）をとることを基本理念として定め、「リスク分析」手法を導入するとともに、国・地方公共団体・食品関連事業者の責務と消費者の役割についても明記されています。消費者の役割としては、「食品の安全性確保に関し知識と理解を深めるとともに、施策について意見を表明するよう努めることによって、食品の安全性の確保に積極的な役割を果たす」ことが食品安全基本法では求められています。

（2）食品衛生法

第二次世界大戦前の、わが国の食品衛生行政は、1900（明治33）年に制定された「飲食物その他の物品取締に関する法律」が中心になって、清涼飲料水、人工甘味質(現在の人工甘味料)、有害性着色料、飲食物防腐剤、漂白剤、牛乳営業などの法律・省令に従い、内務省、特に警察によって行われていました。

戦後、憲法の改正に伴い、それまでの食品衛生に関する法律・省令・各種規則は廃止・統合され、1947（昭和22）年12月に「食品衛生法」が制定、翌年1月より施行されました。これに伴い、警察による取り締まりから、食品衛生監視員による指導を重視する食品衛生行政に転換しています。

その後、食品衛生法は時代に的確に対応するべく逐次改正されてきました。戦後の主な食品事故・事件・時代背景とそれに伴う食品衛生法改正及び関連規制の例を表2-3にまとめたので参考にしてください。

2003（平成15）年には食品安全基本法の制定に伴い、食品衛生法は戦後最大級の大改正が行われました。そして平成30年には食品衛生法改正案が国会で審議され、可決しています。

食品衛生法の目的について、2003年の改正前の第1条には「この法律は、飲食に起因する衛生上の危害の発生を防止し、公衆衛生の向上及び増進に寄与することを目的とする。」との記載がありました。2003年の改正では「この法律は、食品の安全性の確保のために公衆衛生の見地から必要な規制その他の措置を講ずることにより、飲食に起因する衛生上の危害の発生を防止し、もって国民の健康の保護を図ることを目的とする。」と変更されています。この変更は食品安全基本法第3条の「食品の安全性確保のための措置を講じるに当たっての基本的認識」を反映するものです。すなわち食品衛生法の改正とは、従来の「食品衛生法に基づく食品衛生（保健）行政」から、いわば「食品安全基本法に基づく食品安全行政」へと転換を図ろうとするものでありました。文字の通り、**食品安全基本法を「基本」として食品衛生法などが再構築された**次第です。

食品衛生法は、「飲食に起因する危害」を防止するために定められた法律ですが、食品、添加物のように経口的に摂取する「飲食物に直接起因する危害」だけでなく、「飲食という行為に関連して生じる危害」も防止する対象に含んでいます。例えば、食器、割(かつ)ぽう具などの器具、包装紙、びん、缶等の容器包装に起因するもの、さらには乳幼児が口に入れる可能性の高い「おもちゃ」や野菜・食器などに用いられる「洗浄剤」も本法の対象となる点が、ユニークなところともいえます。

表2-3　戦後の主な食品事故・事件・時代背景と食品衛生法改正・関連規制

1955年	ひ素ミルク事件（食品添加物に用いたリン酸2ナトリウムへのひ素の混入） ⇒添加物に関する規制強化・食品衛生管理者制度の導入（1957年法改正） 食品、添加物等の規格基準の制定（1959年）
1968年	カネミ油症事件、公害・環境汚染問題、消費者保護の高まりなど ⇒環境汚染対応としての残留農薬基準の策定（1968年） 営業者責任の強化、指定検査機関制度、表示・広告規制（1972年法改正）
1990年頃	健康志向の高まり、輸入食品の増加と安全性への関心など ⇒特定保健用食品制度の創設（1991年）、輸入監視体制の強化
1995年	規制の国際整合性の必要性、規制緩和の機運、輸入食品の増加など ⇒食品添加物規制の見直し（天然物も食品添加物として扱う） 総合衛生管理製造過程承認制度の導入（1995年法改正）
1996年	堺市学童集団下痢症事件（O157事件） ⇒大量調理施設衛生管理マニュアルの策定（1997年）
2000年	低脂肪乳食中毒事件（黄色ブドウ球菌毒素エンテロトキシン、患者13,420人） ⇒総合衛生管理製造過程承認制度の見直しへ（2003年法改正）
2001年	国内でBSE感染牛を発見
2002年	牛肉偽装事件
2003年	国民の食品安全に関する不信感の高まり、消費者健康保護と事業者の自主管理の必要性など ⇒食品安全基本法の制定と食品衛生法の大改正
2008年	中国産冷凍餃子による中毒事件 ⇒情報共有システム改善の必要性、厚生労働省食品安全部監視安全課内に食中毒被害情報管理室の設置（2009年）
2008年	頻発する消費者被害事故・事件 ⇒消費者庁の設置（2009年9月）
2011年	福島原発事故による放射性物質の食品への汚染 ⇒暫定規制値として対応していたが、規制を強化し基準値を設定（2012年4月）
2011年	飲食店チェーン店でのユッケ喫食による腸管出血性大腸菌食中毒事件 ⇒「生食用食肉の規格基準」の施行（2011年10月） 衛生指標菌として「腸内細菌科菌群」の採用（2011年10月）
2015年	わかりやすい食品表示、食品表示の一元化への期待 ⇒食品表示法の施行
2018年	食のニーズの変化、輸入食品の増加、食のグローバル化など食品を取り巻く環境変化、国際標準との整合化の必要性など ⇒食品衛生法の改正へ

出典：菅家祐輔・白尾美佳編著「食べ物と健康　食品衛生学」（光生館、2013年）、p15を引用、加筆

（3）食品衛生監視員

食品衛生監視員は販売用食品の監視や検査のための収去（しゅうきょ）、衛生指導な

どを行う一定の資格を持った者で、国、都道府県、保健所を設置する市及び特別区の職員の中から命じられる**公務員**です。その任命の資格要件は、食品衛生法施行令第９条により次のように定められています。

①厚生労働大臣の登録を受けた食品衛生監視員の養成施設において、所定の課程を修了した者
②医師、歯科医師、薬剤師又は獣医師
③学校教育法に基づく大学若（も）しくは高等専門学校、旧大学令に基づく大学又は旧専門学校令に基づく専門学校において医学、歯学、薬学、獣医学、畜産学、水産学又は農芸化学の課程を修めて卒業した者
④栄養士で２年以上食品衛生行政に関する事務に従事した経験を有するもの

食品衛生監視員は、厚生労働省に採用される国家公務員（多くは、検疫所や厚生局に配属）と、各地方自治体で配属される地方公務員（多くは保健所に配属）がいます。

（4）食品衛生管理者

食品衛生法に基づき、乳製品、添加物、食肉製品製造業など、製造又は加工の過程において**特に衛生上の考慮を必要とする営業者は専任の食品衛生管理者を設置**しなければならないことが定められています。

食品衛生管理者の資格要件は食品衛生監視員とほぼ同じ程度ですが、若干の相違点があり、栄養士は除かれ、食品衛生管理者を置かなければならない施設で３年以上製造加工に係る衛生管理の業務に従事しかつ厚生労働大臣の登録を受けた講習会の課程を修了した者を認めています。

似た名前で、「食品衛生責任者」「食品衛生推進員」「食品衛生指導員」「食品衛生管理士」といったものがありますが、またべつものです。

（5）食品衛生責任者

「食品衛生責任者」は飲食店や販売店、食品製造施設など、営業許可施設

ごとに1名置く必要のあるものです。

食品衛生法では有毒、有害物質の混入防止措置基準が示されていますが、厚生労働大臣及び都道府県は、営業者が衛生上講ずべき措置についての法的基準（「管理運営基準」）を設定できることになっています。営業者は「管理運営基準」の遵守を法的に義務づけられることになり、**営業者の責任が強化**されています。**営業者自身による自主管理強化**のために、「食品衛生責任者制度」が設けられ、各自治体は条例で食品衛生責任者を規定しています。

食品衛生責任者になるためには、地域の食品衛生協会が実施している6時間以上の講習会を受講することで、食品衛生責任者になることができます。もし個人でラーメン屋を開店しようと思えば、この資格が必要です。なお、東京都の場合、栄養士、調理師、製菓衛生師、と畜場法に規定する衛生管理責任者、と畜場法に規定する作業衛生責任者、食鳥処理衛生管理者、船舶料理士、食品衛生管理者、もしくは食品衛生監視員となることができる資格を有する者などについては、講習会の受講が免除されます。多くの自治体でも同様と思います。

（6）その他

食品衛生推進員

食品衛生法では、地域における食品衛生の向上のため、都道府県等は、行政と連携し地域の食品衛生の普及啓発を図る民間人を「食品衛生推進員」として委嘱することができる旨を記しています。平成7年の食品衛生法改正時に盛り込まれました。

後述の食品衛生指導員に公的な位置づけを持たせようと業界団体が働きかけた結果、設けられた制度・資格であるという話を聞いたこともあります。

食品衛生指導員

食品営業事業者の自主的な衛生管理を促進するため食品衛生協会活動の中核として活動される方々です。指導員は、食品営業事業者又は関係者の方々になります。1960（昭和35）年にこの制度が設けられ、現在全国に約50,000人の食品衛生指導員がいるとされます。地域の保健所等の行政機関と連携、協力し食品事業者への衛生指導・相談、食品衛生思想の普及啓発に関わっています。

食品衛生管理士

過去の日本食品衛生協会のパンフレットによると、「食品等の製造から販売までの食品衛生の確保と向上のため、衛生管理の徹底や従事者の衛生教育など推進できる人材を認定、登録する当協会独自の制度」とあります。1965（昭和40）年に創設されています。きわめてマイナーな資格として存在していました。ところが、平成28年4月に、この制度は見直され、現在はありません。替わって、厚生労働省の施策を踏まえたかたちで、HACCPの普及推進を図り事業者のHACCP導入を支援する者として「HACCP普及指導員制度」が設けられています。従前の食品衛生管理士はHACCP普及指導員としてみなすこととなっています。

2.2.3 食品衛生行政組織

食品に関するリスク評価を行う食品安全委員会、リスク管理を行う厚生労働省・農林水産省・消費者庁及び地方自治体の食品安全に係る部局がお互いに連携し合い、食品の安全性確保を図っています。図2-3は2018（平成30）年9月末の時点で把握できる行政のしくみと数値です。なお総合衛生管理製造過程の制度については、平成30年6月に国会で可決された食品衛生法改正案では、廃止されることが決まっています。

（1）食品安全委員会

リスク管理機関から独立し、食品の安全に関するリスク評価を行う委員会が2003年7月に内閣府に設置されています。

食品安全委員会は、食品の安全性の確保に関して深い識見を有する7名の委員から構成されています。また専門の事項を調査審議する延べ200名程度の専門委員が置かれ、専門委員は食品安全委員会の下に設置されている12の専門調査会において、リスク評価・リスクコミュニケーション・緊急時対応などについて調査審議を行っています。

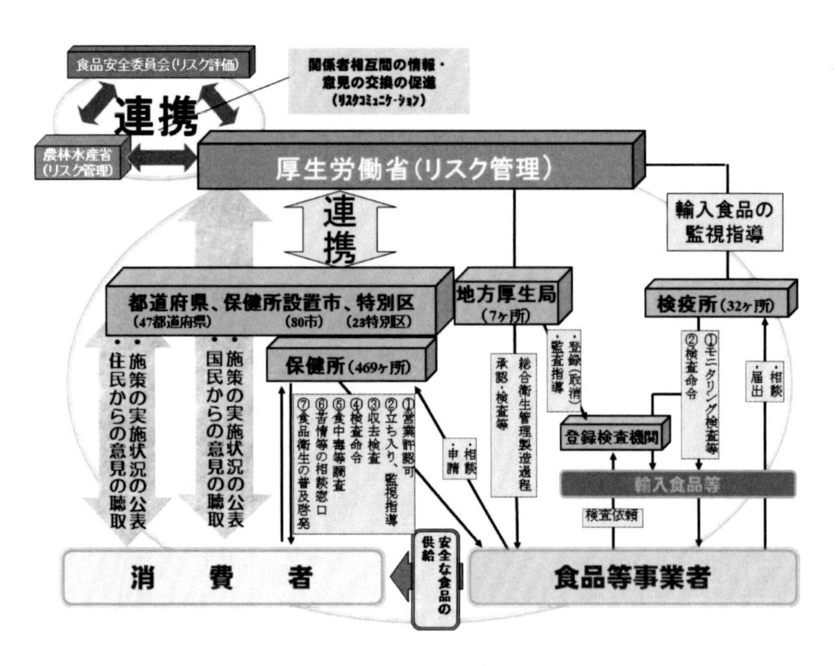

出典：「図説　国民衛生の動向　2018/2019」p105を引用、一部改変

図2-3 食品安全行政システム

また食品安全委員会には委員会の事務を処理するため事務局が置かれています。事務局では、リスク評価に関する事務、リスク評価の結果に基づく勧告、広報、リスクコミュニケーション、リスク評価に関する情報の収集・分析・調査研究、緊急時への対応などの業務を取り扱っています。

食品安全委員会の会議は公開されており、一般の市民も傍聴できます。先着制で、会議の当日に会議室入り口で受付を済ませれば、定員を超えていなければ傍聴できます。人気で傍聴できないということは、経験上、あまりないと思います。専門家の議論を聞くことで、大変勉強になると思いますので、一度食品安全委員会に足を運ぶことをお薦めします。私も食品衛生学の授業で、学生におすすめしています。まれに、実際に傍聴に行った学生が現れます。感想を聞くと（2年生には）ちょっと難しい内容だったそうですが、良い社会勉強にはなった様子でした。もし気になるテーマがあれば、そのテーマを議論する会議の傍聴に行ってみられたらいかがでしょうか。会議は食品安全委員会のホームページで紹介されています。

（2）厚生労働省

担当部局としては「医薬・生活衛生局」がおかれ、リスク管理を担当しています。その起源は1938（昭和13）年の厚生省衛生局設置に遡（さかのぼ）り、その後、幾度かの組織の改編の後、2003年の食品安全委員会の発足に合わせて、「医薬局食品保健部」を「医薬食品局食品安全部」に改称し、「医薬・生活衛生局」（平成30年9月現在）に至っています。食品安全に係る課としては生活衛生・食品安全企画課、食品基準審査課、食品監視安全課の3課からなり、主に食品衛生法に基づいて食品に関するリスク管理を行っています。

また輸入食品の監視業務などを行う検疫所や総合衛生管理製造過程の承認に関する業務などを行ってきた地方厚生局があります。付属の研究機関としては国立感染症研究所や国立医薬品食品衛生研究所等で食品衛生に関する研究などを行っています。

厚生労働省でも傍聴が可能な審議会等がホームページで紹介されています。厚生労働省の場合は、事前にFAXにて傍聴申し込みを行うことになっています。傍聴は大変勉強になります。配布される会議資料もまた良い勉強資料になります。他の役所でも傍聴が可能な会議が各省庁のホームページで紹介されており、私は厚労省以外には、農水省と環境省に傍聴に行ったことがあります。

（3）農林水産省

農薬取締法や飼料安全法などに基づいて、農作物・畜産物・水産物の生産から流通までのリスク管理を行っています。農林水産省でも、食品安全委員会の発足に合わせて、組織改編を行い、食糧庁を廃止し、リスク管理業務にあたる「消費・安全局」と旧食糧庁の産業振興業務に係る「総合食料局食糧部」に再編しました。また、地方食糧事務所が廃止され、代わって置かれた地方農政事務所が、農林水産業等事業者に対するリスク管理を担っています。

（4）消費者庁

消費者保護の視点から政策全般を監視する組織として2009（平成21）年9月に発足しました。食品の「表示」に関しては、消費者からの苦情・相談の情報集約等、消費者行政を一元的に推進する消費者庁が所管することになり、表示基準の設定などを行っています。

（5）消費者委員会

消費者問題について調査審議し、消費者庁に建議等を行うとともに、消費者庁や関係省庁の消費者行政全般に対して監視機能を有する独立した第三者機関として、2009（平成21）年9月内閣府に設置されています。

（6）地方行政

地方自治体には食品安全に関する部局が設けられています。特に地域における活動では、保健所が管内における流通食品の収去検査、食品営業許可、食品衛生監視指導、食品衛生の普及啓発などの業務を担っています。保健所は都道府県、東京都特別区のほか、地域保健法で定められた都市（指定都市、中核市、その他政令で定める市）に設置されています。

指定都市（政令指定都市）は政令で指定する人口50万人以上の市であり、中核市は政令で指定する人口30万人以上の市です。また「その他政令で定める市」とは、地域保健法施行令第1条第3項により定められた市であり、小樽、町田、藤沢、茅ケ崎、四日市、大牟田（平成30年6月時点）があります。これらの市を保健所政令市と呼ぶこともあります。

また地方における試験検査機関として、衛生研究所、食肉衛生検査所、市場衛生検査所などがあり、保健所においても試験室が置かれている場合もあります。

2.3 国際的な枠組みと組織

2.3.1 国際標準化機構

国際標準化機構（ISO：International Organization for Standardization）は電気関係を除く産業分野に関する国際標準化、規格化を目的に1947年に設立された民間の非営利団体です。本部はスイスのジュネーブにあります。2018年8月時点で162か国の代表的標準化機関が加盟しており、わが国は日本工業標準調査会が1952年に加盟しています。このISOが作成した製品に対する規格、試験方法を定めた規格、マネジメントシステム規格がISO規格です。

○ISO 9000シリーズ（品質マネジメントシステム）

品質管理及び品質保証に関する国際規格として1987年に制定されています。設計、開発、製造、据え付け・付帯サービスの品質保証に関する国際規格として定められています。ISO 9000シリーズは、製品の開発から顧客への引き渡しに至るプロセスを管理することで品質に悪影響を及ぼす要因やリスクを製造工程から排除し、それらをマニュアル化するという考え方の仕組みです。ISO 9000シリーズには、食品メーカーなど、製品（食品）を一貫して生産する事業者を対象にしたISO 9001、レストランなど製品加工（食品調理）だけの事業者を対象とするISO 9002、自己では製造は行わない量販店などの事業者が対象となるISO 9003があります。

マネジメントシステムの基本の1つとして、①計画（Plan)、②実施（Do)、③点検（Check)、④是正・見直し（Act）のプロセスを繰り返すPDCAサイクルと呼ばれるものがあり、このサイクルを通じて継続的にシステムが改善されていくとされます。

○ISO 14000シリーズ（環境マネジメントシステム）

組織活動、製品及びサービスの環境負荷の低減という**環境パフォーマンスの改善を実施する仕組み**として1996年に作成されました。企業や組織が自発的に環境管理を行いながら、企業等から排出される環境負荷を削減し、社会に貢献しようとするものです。このISO 14000シリーズで中心となるのが環境マネジメント仕様を定めたISO 14001です。ISO 14001の基本的構造もPDCAサイクルから成り、環境マネジメントを継続的に改善していこうとするものです。

○ISO 22000（食品安全マネジメントシステム）

2005年9月に発足した食品関連企業等に適用されるISO国際規格です。ISO 22000はHACCPの適用と、運用をマネジメントシステム化し円滑な国際貿易を実現させることを目的に作成されました。マネジメントシステムの代表的な国際規格としてはISO 9001（品質マネジメントシステム規格）がありましたが、**ISO 22000はISO 9001をベースに食品危害分析のシステムであるHACCPを組み入れたもの**ともいえます。規格の対象は農場から食卓までのフードチェーン全体の組織（事業者）に及びます。このISO 22000の要求事項は、①相互コミュニケーション（互いに連絡をとり活動をすすめること）、②システムマネジメント（仕組みを保証すること）、③前提条件プログラム（安全衛生条件を維持するために必要な基本条件とその活動）、④HACCP（7原則12手順により食品の安全を確保すること）の4つの要件からなります。この4要素がPDCAサイクルにより継続的に改善されていくこととなります。「③前提条件プログラム」とは前述のHACCPの概念で紹介した「一般的衛生管理プログラム」に相当するものです。

2.3.2　コーデックス

コーデックスを知ったのは、社会人1年生として食品検査の仕事を始めた時です。当時は、主に食品衛生法に合致しているか食品検査をしていたのですが、上司に、国内だけでなく、国際的な法律・基準というのはないのでしょうか？と聞いたところ、「あるよ。コーデックスだよ」と「コーデックス」は「こうでっす」と教えてもらったのが、最初です。

コーデックスにはちゃんというと、コーデックス委員会とコーデックス規格というものがあります。WHO（世界保健機構）とFAO（国連食糧農業機関）は**「消費者の健康の保護」**と**「食品の公正な貿易の確保」を目的**に1963年に合同でFAO/WHO合同食品規格委員会（Codex Alimentarius Commission、CAC、コーデックス委員会と略称されている）を設立し、国際食品規格であるコーデックス規格を作成しています。Codex Alimentarius（コーデックス　アリメンタリウス）はラテン語に由来する言葉で食品規格の意味をもちます。参加国は188か国と欧州共同体1機関（2018年8月末時点）で、わが国は1966（昭和41）年から加盟している。事務局はローマのFAO本部内に置かれています。

コーデックス委員会には、執行委員会、課題別部会、特別部会、地域調整部会が置かれています。部会は参加国から選ばれたホスト国が運営し、会議は通常はホスト国で開かれます。コーデックス総会が毎年1回開催され、委員会・部会で決定された規格・基準の最終的な採択が行われます。

コーデックス規格自体には法拘束力はありません。しかし自由貿易の推進を目的に1995年に設立されたWTO（World Trade Organization：世界貿易機関）体制の枠組みの中では、各国の衛生基準の差が非関税障壁になることを回避するためにも、国際的には各国の国内規格がコーデックス規格に調和していくことが国際的な潮流となってきています。

コーデックス委員会には188か国が加盟していますが、そのうちの約130か国ちかくはいわゆる開発途上国と呼ばれている国々です。そこでコーデックス委員会では開発途上国からの会議出席について参加費用の援助をするなどもしています。

コーデックス委員会の採択のルールは

> The Commission shall make every effort to reach agreement on the adoption or amendment of standards　**by consensus.**

とあります。この**「コンセンサス、一致」**を得ることは、いろいろな国がいろいろな事情を持って参加している中で、容易なことではありません。ですから、採択される基準は、甘く設定されがちという指摘もあります。「コンセンサス」とは、「だれも傷つかないこと」だと、会議によく出席されているあるお方がお話されていましたが、なるほどと思ったものです。

コーデックス委員会で、基準を決めるのは、各国からの代表者ですが、代表者は、基本的に各国の公務員であり、私たちが選挙で選んだ人々ではありません。ですから、わが国の規格・基準を、コーデックスの規格・基準に合致させていく際には、注意が必要とも言えます。

2.3.3 世界保健機構

世界保健機構（WHO：World Health Organization）は、「すべての人民が可能な最高の健康水準に到達すること」（世界保健憲章第1条）を目的に、国連の専門機関として1948年4月7日に設立され、本部はスイスのジュネーブにあります。WHOの業務には、保健衛生分野における広範な政策的支援、技術協力の実施、必要な援助があり、食品安全分野もその課題の一つになります。194ヵ国・地域が加盟しています（2018年4月末時点)。わが国は1951年5月に加盟し、食品安全を含む保健衛生分野の対策に資するための国際的な情報交換や連携等を行い、国内のみならず世界の保健課題に貢献してきています。

情報発信としては、広域的な食中毒事件等の緊急事態情報の交換を促進するシステムとしてのInternational Food Safety Authorities Network（INFOSAN）を設け、国際的に影響のある情報を各国に迅速に提供する体制をとっています。

2.3.4 国際連合食糧農業機関

国際連合食糧農業機関（FAO：Food and Agriculture Organization of the United Nations）は、世界各国の国民の栄養水準と生活水準の向上、農業生産性の向上および農村住民の生活条件の改善を通じて、貧困と飢餓の緩和を図ることを目的に、国連の専門機関として1945年10月16日に設立されました。本部はイタリアのローマにあり、194か国とEUが加盟しています（2016年9月末時点)。わが国は1951年に加盟しています。

世界の食糧・農業に関するデータ収集・分析、政策提言、国際的ルールづくりなどの役割を担っています。

2.3.5 世界貿易機関

世界貿易機関（WTO：World Trade Organization）は、1944年に

発足したGATT（関税と貿易に関する一般協定：General Agreement on Tariffs and Trade）に代わり、可能な限り貿易の円滑化、自由化を実現するために交渉を通じて多国間の貿易ルールを策定する国際機関として1995年1月に設立されました。事務局はスイスのジュネーブにあります。164か国・地域が加盟しています（2016年9月時点）。WTOでは貿易に関して生じた加盟国間の紛争を解決するためのシステムが設けられており、「衛生植物検疫措置の適用に関する協定」（SPS協定：Sanitary and Phytosanitary Measures）が締結されています。このなかで食品貿易において、各国の基準ができるかぎり国際基準に基づくよう求められています。上述のコーデックス規格は法的拘束力がありません。しかし、SPS協定によって、各国がコーデックス基準に従うことが求められることとなりました。

2.3.6　国際獣疫事務局

国際獣疫事務局（OIE：Office International des Epizooties）は、動物の伝染病疾病の状況に関する情報の透明性の確保を目的に1924年に設立されました。参加国は182か国・地域（2018年6月時点）で本部はフランスのパリにあります。家畜に関する科学的情報の収集と普及、家畜の伝染性疾病の制御に向けた国際協力、家畜の国際的取引のための衛生規約の策定等を行っています。

2.3.7　国際協力機構

国際協力機構（JICA：Japan International Cooperation Agency）は、わが国の開発途上国への技術協力や資金協力を行う実施機関です。外務省所管の独立行政法人でありわが国の国際協力の中心的役割を担っています。地域別、国別、課題別に開発途上国の抱える問題解決のための各種支援等を進めています。食品に関しては、食品安全に関する支援のために技術者・専門家や、栄養指導・教育に関する支援のため専門家の派遣をしています。また、逆に研修生として受け入れる事業もあります。

私自身も日本食品衛生協会在職中に、JICA委託事業として、開発途上国の食品衛生行政官を研修生として受け入れ、日本国内で食品衛生行政について学んでいただく研修事業に携わったこともありました。

2.4　「集団給食」の衛生管理調査から見えてくること

2.4.1　はじめに

「集団給食」は、一か所の調理場から大人数へ食事が配膳される流通システムです。そのため、食品による健康被害要因が存在した場合に大規模な食中毒事件に発展するリスクがあります。実際にその危険性の高さは、1996年の堺市集団下痢症事件に象徴されます。この事件では患者総数が9,523名にのぼり、入院患者は791名（学童・教職員668名、学童・教職員の家族60名、一般市民63名）で、そのうち溶血性尿毒症症候群発症者が121名であり、3名が死亡しています。

集団給食施設における衛生管理は、「危害分析に基づく重要管理点（Hazard Analysis and Critical Control Point；以後HACCP）方式」の概念を取り入れた「大量調理施設衛生管理マニュアル」（厚生労働省）が参考にされています。同マニュアルでは、同一メニューを1回300食以上または1日750食以上を提供する調理施設に対して適用される衛生基準（施設基準・管理運営基準）が示されています。また、同一メニューを1回300食以上又は1日750食以上の提供に満たない中小規模の集団給食施設においても、同マニュアルに準拠するよう通知されています）。学校給食では、地域の教育委員会の管轄のもとにあり、衛生管理については「学校給食衛生管理基準」（文部科学省）が適用されています。

さて厚生労働省の発表によると、「給食施設」は平成28年度末時点で全国に90,419施設あります。集団給食施設の規模をみると、同一メニューを1回300食以上又は1日750食以上を提供するような「大きな」施設は、全給食施設90,419施設中15,683施設（17.3％）であり、残りの約8割がその規模を下回る中小規模の施設です。このようにさまざまな規模の施設が存在しているのが集団給食施設です。

かつて私は、2013年に、世田谷区内にある、「1回20食、1日50食以上」の学校・幼稚園、病院・診療所、児童福祉施設、社会福祉施設の集団給食施設485施設に対して給食現場の衛生管理システムの導入実態や食品衛生管理の実情に関するアンケート調査を実施しました。その際に得た知見の一部をご紹介したいと思います。

2.4.2 回収率について

全体で118票（施設から）の回収があり、うち1票は全質問項目で白紙でした。この1票を除外し、解析対象は117票とします。解析対象回答票の回収率は24％になります。

回収率も低いですし、またアンケートを返却してくださった方のみの声を反映する結果になるため、世田谷区内の集団給食施設の特色を反映する結果としてみるには限界がある結果とはなりました。また業種別でみると学校・幼稚園の回収率が43％と最も高く、アンケートの解析対象となった117施設のうち35％の41施設が学校・幼稚園でした。そのため、解析結果は、学校・幼稚園の影響を受けるものとはなりました。なお学校・幼稚園の回収率の状況が良かった点ですが、質問票郵送前に世田谷区教育委員会に対して、各学校に発送を行う予定があることを事前に知らせていました。もしかするとこのことが回収に影響した可能性はあります。事前にお知らせするというのは意味があるのかもしれませんし、学校給食に携わる方は調査に協力的な方が多いのかもしれません。このあたりはよくわかりません。

さて私はかつて、大小の食品企業に対し1,355票の調査票を郵送し、食品企業における食品衛生管理及びHACCP体制への取り組みについて調査した研究（平成16年度厚生労働科学研究「食品企業における健康危機管理に関する研究」）に研究協力者として携わったことがあります。この研究では848票の回収があり回収率は62.5％でした。まずまずの回収とみてよいと思います。この調査は国立医薬品食品衛生研究所の当時の食品衛生管理部長山本茂貴先生と社団法人日本食品衛生協会との共同研究により行われています。調査対象は、日本食品衛生協会と関係性がある企業が調査対象となっていました。このように調査対象と対象機関との関係性や、調査機関の種別が回収率に関与している可能性があると考えられます。

ある方に、「よく知らない、どこかの大学の先生からアンケート調査の依頼がきても、普通は答えないよ」と言われました。確かにそもそも答えるメリットがありませんよね。アンケート調査の難しさを実感した次第です。

一般に、郵送調査法による最大のデメリットとして、回収率が低い点があります。私の調査（回収率24％）も低い結果でした。しかし郵送調査であっても、一定の要件が充足されたならば、60～70％台のかなり高い回収率を達成できる研究報告もあります。

2.4.3　回答したのはだれか

質問票は各施設長宛に送付しました。施設長は適任者（施設の衛生管理に関わる人物）に回答を依頼することを想定すると、回答者を知ることで、どのような属性の人物が施設の衛生管理の主たる担当者かを推定できると考えました。

すると、回答者の37％か管理栄養士で31％が管理栄養士資格をもたない栄養士になり、合計で68％が栄養士でした（表2-4）。このことから**栄養士は給食施設における食品衛生管理業務の主たる担当者**であると思われました。すなわち栄養士養成とは、将来給食施設において衛生管理の主たる担当者を育成することも兼ねていると考えられ、**栄養士育成課程における食品衛生管理教育は、とても重要な教育を担っている**のだと思います。

ところで、栄養士と管理栄養士は別物の資格です。栄養士は養成施設を卒業すれば、栄養士の資格が得られます。管理栄養士は、そのうえで、国家試験を受験し合格しなければ得られない国家資格になります。管理栄養士は、当然栄養士ですが、栄養士が管理栄養士とは限りません。

表2-4　回答者の資格

管理栄養士 ※1	41人（37%）
管理栄養士資格を持たない栄養士 ※2	35人（31%）
調理師のみ	14人（12%）
医師	1人（1%）
その他	21人（19%）
合計	112人（100%）

※1：管理栄養士資格をもち、さらに調理師資格を持つ3名を含む。※2：栄養士資格をもち、さらに調理師資格を持つ4名を含む。出典：大道公秀，森本修三：体力・栄養・免疫学雑誌　25, 212-220, 2015を引用

2.4.4　施設の古さ

築年数については、回答のあった96施設を平均すると15.4年でした。中には築年数45年の学校給食施設もありました。さすがに調査を行った数年後、その学校は改築されています。

2.4.5　他の給食施設と比べて衛生管理が進んでいると思うか

衛生管理が他の施設と比較して、進んでいるかを尋ねてみました。「非常に進んでいる」と「やや進んでいる」と答えた施設は60施設ありましたが、これらを「進んでいる群」として考え、一方で「あまり進んでいない」、「少し遅れている」と考えている32施設を「遅れている群」として、両者について、築年数、床システム、汚染区域の区別について比較を行った結果が表2-5になります。

表2-5　衛生管理が「進んでいる群」と「遅れている群」における施設の構造上の特徴の比較

	平均築年数	ドライシステムの導入	汚染区域の区別の実施
「進んでいる群」	11.3年	77%	85%
「遅れている群」	24.3年	56%	72%
二群間の比較	$p < 0.05$ （t検定）	$p < 0.05$ （pearson検定）	$p < 0.1$ （pearson検定）

出典：大道公秀，森本修三：体力・栄養・免疫学雑誌　25, 212-220, 2015を引用

○「進んでいる群」と「遅れている群」の特徴について

表2-4で示したように、施設の衛生管理が「進んでいる群」の施設築年数は平均11.3年ですが、これは「遅れている群」の平均24.3年よりも統計学的に「有意」に築年数は短いことになります。ところで、「有意」とは統計学で用いられる用語で、「確率的に偶然であるとは考えにくく、意味があると考えられる」というときに使われる言葉です。この「有意」の指標にp値が使われます。比較しているグループ（群）で、群間差が偶然生じる可能性を示す尺度です。$p=0.01$であれば、この結果を偶然生じることが100回のうち1回はありますよという意味になります。p値が小さくなるほど、「有意な差」といえます。統計学の分野では$p<0.05$で一般に有意差があるとみなします。表に出てくる$p<0.05$は有意な差があるとみてよいです。

さて、「進んでいる群」の施設では「ドライシステムの導入」の割合（77％）が「遅れている群」の導入割合（56％）よりも「有意」に高いです。「汚染区域の区別」は統計学的な有意差はなかったのですが、「進んでいる群」では区別している施設が85％であり、「遅れている群」の72％より高い傾向にはありました。このことから、施設老朽化や床システム、汚染区域の区別などの施設の構造上の問題は、従事者の衛生管理に関する意識に関与する可能性が示唆されたのです。すなわち**施設が新しく、床システムにはドライシステムが導入され、汚染作業区域が区別されているような施設では、施設自体の衛生状態が保たれるだけでなく、従業員に対して衛生意識に関する肯定的効果を与えられる**可能性があります。

2.4.6　構造上の衛生リスクと「遅れている群」の課題

一般に構造上の衛生リスクとしては、施設の老朽化、床システムの状況、汚染区域の区別が挙げられます。老朽化した施設では、例えば、調理場の床面の亀裂に汚染水や汚れが溜まる、洗浄設備の不具合による汚染、空調不良による施設内の高温・多湿化など衛生状態が悪化する場合があります。床システムがウエットシステムですと、はね水等による二次汚染、調理場内湿度の増大などの問題があります。そこで、集団給食施設では、ドライシステムの導入が進められているのです。大量調理施設衛生管理マニュアルでも、施設はドライシステム化を積極的に図ることが望ましいとされています。また汚染区域の区別では、汚染作業区域から非汚染作業区域に汚染を持ち込まないためにも、両区域を明確に区別することとしています。

老朽化した施設では食品衛生水準の向上を図るためにも、適切な修繕や改築、ドライシステムの導入と汚染区域の区別などが必要となります。調査では「遅れている群」では「進んでいる群」より築年数が長く、ドライシステムの導入割合が有意に低く、汚染区域の区別もその割合が低い傾向でした。なおさら適切な修繕や改築などが必要に思います。

ところで「遅れている群」では、遅れている理由の81％が作業場・施設の衛生状態でした。その具体的理由を聞いたところ「施設の構造」が多数（89％）挙がっていました。

施設は衛生管理しやすい施設への改築もしくは新築が望ましく、必要な修繕・改築に係る予算の確保や衛生管理の強化についての検討を行うことが望まれます。そのためには**経営者や施設長は実際に現場におもむき、栄養士等衛生管理担当者の意見を聞き、かつそれら意見が反映される体制を築くことが、食品安全の観点から重要**だと思います。経営者や施設長が現場におもむくことは労務管理の上でも重要です。衛生管理は労務管理とつながる話だと私は思っています。

2.4.7 「大量調理施設衛生管理マニュアル」の遵守状況

「大量調理施設衛生管理マニュアル」に従って衛生管理を行っているかの問いに対して81％が「行っている」と回答していました。一方で4施設が「行っていない」と回答し、このほか17施設が「どちらとも言えない」と回答しました。「行っていない」あるいは「どちらともいえない」施設のことが知りたくなります。

（1）「大量調理施設衛生管理マニュアル」に従って「行っていない」理由

「行っていない」4施設の内訳は、「現場の実態に合っていない」1施設、「保健所の指導がないから」2施設、「その他（理由；「提供する食数が少ないため」）1施設の回答でした。施設によってはマニュアルのとおり実行できない課題を抱えています。また、「保健所の指導がないから」という理由ですが、保健所としては指導しているという立場だと思います。おそらく指導されている側にその認識がないようです。

（2）「どちらともいえない」理由

「どちらともいえない」17施設中15施設から理由についての回答がありました。理由の内訳は、「現場の実態に合っていない」8施設、「保健所の指導がない」1施設の回答があり、このほかに「その他」を選択した回答も6施設ありました。「その他」では、「他にも参考とする衛生管理マニュアルがある」、「数が少ないため、マニュアルを参考にしながら施設に合った管理を行っている」、「小規模施設だから」、「学校としての衛生管理基準がある」、「委託業者に一任」というコメントでありました。

（3）マニュアルが現場の実態に合っていない理由

「大量調理施設衛生管理マニュアル」に従って衛生管理を「行っていない」もしくは「どちらともいえない」と回答した理由で、「現場の実態に合っていない」は9施設ありました。この「現場の実態に合っていない」理由とは、「施設規模」、「会社で衛生管理マニュアルを作っているため、それに合わせて実施している」、「施設の構造等により区分けできないなど、現実にそこまできっちり行うことができないことが多いため」、「現状の施設の構造に合っていない内容があるため全てに従うことが出来ない部分がある」、「施設の構造上」、「マニュアル通りに行っていたら時間がかかりすぎる。おいしい食事ができない」、「提供食数が少ないから」というコメントがありました。規模や構造上の問題がマニュアルとは合わないことがあるようです。

（4）調査から抽出された課題

「大量調理施設衛生管理マニュアル」に従って衛生管理を「行っていない」及び「どちらともいえない」と回答した施設をみると、その理由として、小規模施設であることや他に衛生管理マニュアルがあることを理由としたものが見受けられます。施設の規模や構造上の理由から、一部の施設では「大量調理施設衛生管理マニュアル」が施設の実態に合わず、そのまま従うことが困難な場合があることもわかりました。「進んでいる群」での「行っている」割合（90％）は、「遅れている群」での「行っている」割合（68％）よりも統計学的に有意に高かったことから、**従事者施設の衛生管理状態とマニュアルの遵守状況との間にも関連性がありそうです。**

実態に合っていないというならば、どうすればよいのでしょうか。私はその職場でできる最善の工夫を行えばよいのかなと思っています。構造上の問題があれば、施設の修理・修繕・改築ができれば良いですが、予算も必要ですし、簡単にできるものでもありません。しかし、その職場でできる衛生管理のしくみを導入することで、食品衛生のレベルは上がるのではないかと私は考えます。おすすめしたい衛生管理のしくみに、中小規模の施設でも導入が可能なしくみであるHACCPシステムがあります。そもそもこのしくみは食品衛生法の改正により、義務化の流れにはあります。

2.4.8　HACCPシステムへの認知度

さてHACCPシステムへの認知度ですが、2013年当時、76％が「知っている」、「少しなら知っている」、「聞いたことがある」と回答していましたが、「知らない」との回答も15％の施設で存在しています。知らない施設もまだあるようです。食品製造・調理工程にHACCPシステムを適用することは明らかに有益性があり、食品の安全性の向上と食中毒の防止が可能なことは国際的にも認識されています。また中小規模の施設に対してもHACCPシステムの導入を図ることが国際的にも推奨されています。**HACCPシステムとは「衛生管理の手法」であるため、施設や設備が古い場合や、施設が中小規模であっても、施設の改築や特別な設備を必要とせずに、導入可能なしくみです。**この調査での**「遅れている群」や中小規模施設に対して**も**HACCPシステムの導入は実行可能であり、かつ衛生水準向上のための有効な手立て**となると私は考えています。

わが国ではHACCPシステムによる衛生管理を大規模だけでなく中小規

模の施設に対しても普及させてきました。2015年4月からは食品衛生法による衛生管理基準の見直しによって、HACCPシステムに基づく衛生管理基準が設けられ、2018年の食品衛生法改正によるHACCPの義務化によって、今後、国は施設の種類・規模に関わらず、段階的にすべての食品事業者にHACCPシステムの導入を目指しています。

これまでの中小規模の施設に対する地方自治体の取り組みのなかには、東京都のように食品関係施設の自主的な衛生管理を推奨する食品衛生「自主管理認証制度」を創設して、新しい認証の仕組みづくりを進めている自治体もあります。自治体によっては「ミニHACCP」と呼んでいる地域もあり、全国で40自治体がすでに自主管理認証制度に取り組んでいます。この制度は食品事業者の衛生管理水準を向上させ、安全性の高い食品を消費者に提供することを目的としています。食品事業者が一定の水準にあると認められれば申請により承認され、広く公表されています。このような衛生管理の取り組みを積極的に評価し認証する制度の導入も、事業者の自主的な衛生管理を評価するものとして、期待がもてるように私は考えています。私の調査（2013年）では、東京都の食品衛生「自主管理認証制度」について37票（35％）が「制度を全く知らない」、29票（27％）が「聞いたことがあるがよく知らない」であり、「必要性を感じない」、「どちらともいえない」を合わせると91％を占めました。食品衛生「自主管理認証制度」がほとんど認知されていませんでした。現時点ではどれほど認知されているかはわかりませんが、中小規模施設においては、このような自主的な認証制度の利用もHACCPシステムの推進に有効だと私は考えています。また認証制度を利用することで衛生管理水準だけでなく、企業としての成長に資すると私は考えます。

2.4.9　どんな雑誌を読んでいるのか

企業にいたとき、お客様を招き企業セミナーを開催することがしばしばありました。その際、受講生に、どんな雑誌を購読しているかアンケート調査をしていました。ターゲットとしているお客様の層がよく読んでいる雑誌がわかれば、その雑誌に広告を出せば、より宣伝効果として効果的と考えたからです。ですので、私も、食品衛生管理意識の普及のためには、どのような雑誌で情報を発信すればよいかの参考になるかもしれないと思い、アンケート調査では購読雑誌を聞いてみました。返信のあった117人中、34人の方に購読雑誌を回答いただきました。結果（表2-6）をみると、そもそも学校給食関係者の回答が多かった影響もあるのでしょうが「学校給食」は、「購読雑誌」に関する回答者の半分の方に読まれています。マーケティング的には、この本の広告は「学校給食」が一つの候補になりそうです。

表2-6　回答者34人の購読雑誌

	人数
学校給食	17
企業発行の雑誌	10
臨床栄養	7
栄養学雑誌	5
食と健康	5
その他	13

※複数回答あり　表は2013年に著者らが実施したアンケート調査をもとに、著者が集計・作成

表2-6にあげたもの以外の雑誌としては、「食べもの通信」（4人）、「食育フォーラム」（4人）、「食品衛生研究」（2人）、「食べ物文化」（2人）、「食品衛生学雑誌」、「栄養教諭」、「ネットメーカー」、「ヤクルト給食ニュース」、「食育」、「学校の食事」、「食育ニュース」、「子どもと栄養」、「ヘルシスト」、「ヘルスケアレスト」（各1名）といった内容でした。

2.4.10　ハワイの病院給食施設を見学して

私の勤務先大学では希望する学生の海外研修を毎年行っています。平成27年の3月にハワイ大学を中心とした学生の研修に引率教員として私は参加しました。私たちはハワイ州では最大規模のある民間病院を訪問し、医療情報部門や栄養部門などを見学させていただきました。

栄養部門には入院患者から食事の注文を受けるコールセンターがあり、6名ほどのスタッフが注文を受けていました。患者にはあたかもレストラン

のようなメニュー表があらかじめ配られています。患者はそれをみて注文できるというのが驚きでした。注文は6：30～20：30まで可能で、注文できる品揃えも豊富です。ただ、食べたいものを何でも注文して食べられるわけではなく、電話を受けたスタッフが、食べてよいものかを判断し、患者の注文が適切かを判断していました。

厨房は、日本の病院給食と比べると、衛生管理は「ゆるい」印象でした。よく日本の給食経営管理や食品衛生管理の教科書に出ているようなものではないのです。日本の一般的な給食従事者の服装は、専用の作業着を着て、帽子、マスク及び手袋を着用します。毛髪は帽子からはみ出してはいけないことになっています。一方、訪問した厨房で働く方の服装は、「ゆるいな」という感想でした。

国によって、食品衛生意識、食品衛生感といったものは違うのだろうなと、感じた経験になりました。

参考図書・資料

（HACCP関係）

・ 小久保彌太郎編集：HACCPシステム実施のための資料集，日本食品衛生協会，2007
・ 小久保彌太郎，荒木惠美子，高鳥直樹，豊福肇，長坂豊道：改訂　食品の安全を創るHACCP，日本食品衛生協会，2008
・ 里見弘治，伊藤連太郎，山本茂貴，小久保彌太郎：改訂　HACCPプラン作成ガイド，日本食品衛生協会，2006
・ 菅家祐輔：簡明　食品衛生学　第2版，光生館，2012
・ 一色賢司編：食品衛生学　第3版，東京化学同人，2010

（行政関係）

・ 菅家祐輔，白尾美佳編著：食べ物と健康　食品衛生学，光生館，2013
・ 日本食品衛生学会編集：食品安全の事典，朝倉書店，2009
・ 日本食品衛生協会　ホームページ掲載パンフレット
http://www.n-shokuei.jp/outline/pdf/pamphlet.pdf（2018年9月12日閲覧）
・ 厚生労働省：衛生行政報告例
https://www.mhlw.go.jp/toukei/list/36-19.html（2018年9月13日閲覧）

（集団給食施設関係）

- 堺市学童集団下痢症対策本部：堺市学童集団下痢症報告書，1997
- CODEX ALIMENTARIUS: HAZARD ANALYSIS AND CRITICAL CONTROL POINT (HACCP) SYSTEM AND GUIDELINES FOR ITS APPLICATION, GENERAL PRINCIPLES OF FOOD HYGIENE (CAC/RCP 1-1969), 21-31, 1969
- 厚生労働省（旧厚生省生活衛生局長）：大量調理施設衛生管理マニュアル（衛食第85号別添），1997（最終改正　平成29年6月16日）
- 厚生労働省（旧厚生省生活衛生局食品保健課長）：中小規模調理施設における衛生管理の徹底について（衛食第201号），1997
- 文部科学省（文部科学大臣）：学校給食衛生管理基準（文部科学省告示第64号），2009（最終改正　平成21年4月1日）
- 厚生労働省：平成28年度衛生行政報告例，2017
- 東京都（旧健康局長）：東京都食品衛生自主管理認証制度実施要綱（健安食第1188号），2003（最終改正　平成28年3月31日）
- 玉木 武（研究協力者；山本茂貴，東島弘明，大道公秀）：HACCPと食品のバイオテロ対策に関する意識調査．平成16年度厚生労働科学研究「食品企業における健康危機管理に関する研究」研究報告書，15-32，2004
- 大谷信介，木下栄二，後藤範章，小松 洋：新・社会調査法へのアプローチ，ミネルヴァ書房，191，2013
- 林 英夫：郵送調査法の再評価と今後の課題，行動計量学，73，127-145，2010
- 松田映二：郵送調査の効用と可能性，行動計量学，68，17-45，2008
- 東島弘明：新５Ｓで衛生チェック，食と健康，2006年5月号，9-21，2006
- 矢野美奈子，新元芳彦，小田真紀子，永田 猛，向井 健，山本一夫：中小規模学校給食施設における衛生指導について～特にドライ運用について～，広島県獣医師会雑誌22，61-64，2007
- WHO : Strategies for implementing HACCP in Small and/or Less Developed Businesses, 1999.
- 東島弘明，大道公秀：中小食品製造業等に対するHACCPシステムの普及推進－人材育成事業－．食品衛生学雑誌45，J286－287，2004
- 厚生労働省（医薬食品局食品安全部長）：食品等事業者が実施すべき管理運営基準に関する指針（ガイドライン）について（食安発0512第6号），2014
- 厚生労働省医薬食品局監視安全課：食品製造におけるHACCPによる工程管理の普及のための検討会　中間取りまとめ（報道発表資料），2013
- 厚生労働省（医薬食品局食品安全部監視安全課長）：食品の衛生管理に係る認証制度等の調査結果について（食安監発0507第1号），2013
- 厚生労働省（旧厚生省生活衛生局長）：総合衛生管理製造過程認証制度実施要領（衛乳第223号），1996年（最終改正 平成25年6月26日）
- 大道公秀，森本修三：世田谷区内集団給食施設の衛生管理に関する現状，体力・栄養・免疫学雑誌，25(3)，212-220，2015

・　東京医療保健大学：平成26年度海外研修（第8回）ハワイ大学研修報告書，2015

第3章

食品衛生の歴史

3.1　食品衛生の日本古代史

3.1.1　縄文時代の食品衛生

考古学分野では、土器内面及び口縁部に付着している黒色物質は、食品を煮炊きしてできた炭化物（いわゆるコゲ）と推定されています。このコゲのつき方・残り方から当時の食生活を類推しようとする研究手法があります。私もコゲの分析から当時の食生活を類推する研究に関わっています(図3-1)。

図3-1　土器黒色付着物から、起源となる食材の類推ができる
(図中の写真は、国立奈良文化財研究所を訪問した際に、許可を得て著者が撮影)

ところで縄文時代の土器にはコゲがよく残っているという話を聞いたことがあります。これには理由があります。縄文時代の土器をみると、残っているコゲの跡の残り方から、盛り付け終了後に土鍋を転がして空焚き乾燥していることが推定されます。そのために、縄文土器にはコゲ跡がよく

残っているのです。この空焚き乾燥を行った理由は、**頑固な食品のこびり付きを空焚き乾燥することでカビを防いだ**のではないかとする考え方があります。そうだとすると、縄文人なりの食品衛生管理だったともいえるでしょう。

食品衛生とは、人類が食糧を安定的に安全に入手し、食べていくかの方法・技術であり、それら食品の状態でもあり、それら知識の積み重ねです。人々がどのようにそれらの知識を積み重ねてきたのかはとても興味深いところです。

古代から近代までの食品衛生史を調べてみたい気持ちに駆られるのですが、相当壮大なテーマになりそうです。

3.1.2　奈良時代の食品衛生

奈良時代に、近くの大阪や滋賀ではなく、遠く伊勢から貝類を奈良まで運んでいた話を聞いたことがあります。なぜ遠く伊勢からというのも疑問ですが、食品衛生上はどのようにしてそれを可能にしたのかがテーマになります。

奈良時代以降は史料が残っていることが多いので、奈良時代以降の食品衛生研究は行いやすいかもしれません。例えば、平城京跡出土木簡や「正倉院文書」、平安時代の法典と知られる「延喜式」等によって古代の食品を類推することができます。延喜式や平城京跡出土木簡からは、鮭に「生」の字が付いているものを見受けられます。生の鮭を、地方から都まで運搬していた可能性があります。藤原京の遺構からも鮭に寄生することが知られている寄生虫の日本海裂頭条虫の寄生虫卵が発見されています。生鮭が、そこにあった可能性は高いです。しかし、どのように運搬していたのでしょうか。記録で残っているものには**因幡国（いまの鳥取県東部）から秋ごろに生鮭を12日間かけて奈良まで輸送**したものがあります。私は古代食解明の研究班にも現在携わっていますが、食品衛生学の視点からも大いに関心を寄せています。

3.1.3 寄生虫と考古学

○寄生虫からわかる当時の食生活

考古学では、古代のトイレの跡の寄生虫卵を調べる研究もあります。寄生虫卵の密度により、そこが水洗だったか汲み取り式だったかが類推できます。また見つかる卵の種類から当時の食生活を類推することも可能となります。

文献からも当時の状況を考察できます。寄生虫に関する記述は、古くは中国の黄帝（紀元前2700年頃）に回虫の記録があるようです。

○「豚トイレ」と有鉤条虫

ヒトが便をして、それを豚が餌にして食べていく、いわゆる「豚トイレ」は東南アジアで地域によってみられます。すると豚はヒトの便に含まれる「ヒト回虫」の卵を食べることになります。このヒト回虫の変種が「ブタ回虫」という説があります。「ブタ回虫」はヒトには感染しくいのですが、ヒト回虫はブタには適応できたと考えられています。

日本でも、沖縄県や奄美群島で、このいわゆる「豚トイレ」の文化がかつて見受けられました。豚に食べてもらうトイレというのは興味深いです。本土でも魚に食べてもらう「フナトイレ」というのが奈良時代にあったようです。

ところで**豚の寄生虫で「有鉤条虫（ゆうこうじょうちゅう）」**があります。ヒトにも感染します。豚に寄生した嚢虫（のうちゅう）（いわゆる幼虫のことで、中間宿主の体内で袋状になっています）の肉を未調理で食べることにより感染し、ヒトの体内で成虫を宿します（有鉤条虫症）。この場合の症状は軽く、下痢・腹痛などで無症状の感染者も多いです。しかし、「虫卵」を摂取すると、筋肉内で嚢虫を形成することがあります（有鉤嚢虫症）。こちらは重症化します。小腸内で孵化した幼虫が各種臓器に腫瘤（しゅりゅう）を形成し、身体じゅうが、ぶつぶつになります。嚢虫が脳、脊髄または眼球に寄生すると、けいれん、意識障害、麻痺、精神障害などを起こすことがあります。わが国には元来、沖縄を除いて分布していないとされていますが、もしかすると、有鉤条虫症や有鉤嚢虫症の感染と「豚トイレ」とは関係があるかもしれません。

3.2 牛乳・乳製品の日本史と食品衛生

3.2.1 牛乳・乳製品の歴史

「醍醐味(だいごみ)」という言葉の由来は、最高においしい味を意味する仏教用語です。古代に牛乳は、発酵の段階により、乳、「酪」、「生酥(しょうそ)」及び「熟酥(じゅくそ)」、そして醍醐の区分に分けられ、後のものほど美味とされていました。発酵が進んだ乳製品を食することはまさに「醍醐味を味わうこと」だったでしょう。

史書で記録に残る、牛乳を飲んだ日本人に関する一番古い記録は孝徳天皇時代（645～654）です。渡来した者が天皇に牛乳を献上した記録が「新撰姓氏録」に残っています。この時代にはすでに渡来人の影響や大陸から伝わった典薬書・医書により牛乳・乳製品の効用の知識は貴族の間には知られていたと考えられています。そのうえで天皇に牛乳が献上され、飲まれることにつながったとされます。孝徳天皇は天皇で初めて牛乳を飲んだ方かもしれません。またこのとき献上した牛乳がどこで搾乳されたかは不明ですが、このときには日本のどこかで乳牛を飼育していたことになります。文献上は、奈良時代初期（713年）に今の京都府南東部にあたる山背国（山城国）で乳牛飼育に関する調査を行った記録（後日本紀）があります。牛は古墳時代から日本大陸にいたようです。しかし古墳時代は牛を労役に利用したのが中心的と考えられており、乳牛としての利用は奈良時代の頃以降の可能性が高いです。

「近江國生蘇三合」と記された奈良時代の木簡として見つかっています)。すなわち、それは奈良時代に乳製品である「蘇(そ)」が近江國から、都に納められている記録となります。

さて乳製品である蘇(そ)と、同様に乳製品として使われる酥(そ)は、同じものであるという説と、まったく違うものであるという説があります。勉強すればするほど、私はいろいろな説を読むことになり混乱してしまいます。

日本乳業技術協会で常務理事を務められた細野明義氏は後者の、「蘇と酥はまったく違うもの」説を主張されています。「蘇」は、牛乳を沸騰させ煮詰めて、乳固形分が凝集されたものであるのに対して、「酥」は、全乳を温めてできた乳皮の皮膜を集めたものというものです。そして「酥」を煮詰めて「醍醐」となるというのです。乳皮ではない、すなわち「酥」でない部分が「絡」と細野氏は考えています。

「酪」については、日本初の分類体漢和辞典の「和名類聚抄」（平安時代中期、931～938年）によると、酪とは「乳の粥」とあります。そう考えると、乳を加熱したときの乳皮をとったものと考えて良いようにも思います。「斉民要術」（6世紀前半の中国で書かれた農書）では、牛羊乳を鍋で数回沸騰するくらい加熱してからカメに入れ人肌くらいまでさまし、種麹を加え布で包んで保温しておくと翌朝には酪になることが紹介されています。中国の「絡」と平安朝の日本の「絡」とはちょっと違うのかもしれません。

これら乳製品を生産する牧場ですが、「延喜式」（平安時代中期編纂の律令の施行細則）には「諸國馬牛牧」として駿河國から日向國まで18の國の名前が現れます。このように各地から乳製品が献上されていたことが木簡にも記録され、残っています。乳製品をなぜ生産したのかは、身体のためになると考えたからではないでしょうか。平安時代の医学書「医心方」では、牛乳と牛乳を原料とした酪、酥、醍醐は健康に良いものとして紹介されており、栄養学的にも優れた食品だと認知されていたようです。

ところで「蘇」は現代の乳製品では何に近かったのでしょうか。ヨーグルト説、コンデンスミルク説、バター説などいろいろですが、日本チーズ普及協議会では、蘇はチーズに近いものだったと考えているようです。飛鳥時代に文武天皇が蘇の製造を命じたことを紹介する記述が「政事要略」（平安時代の政務事例集）に残っています。その文武天皇が命じた月（西暦700年旧暦10月、新暦11月）だったことから、11月に由来し、11月11日を「チーズの日」としてチーズ業界では、チーズの普及活動を行っています。

乳製品は租税品として京都に送られ、貴族たちにとって、栄養源となる食糧となったと考えられます。ところが鎌倉時代になると乳製品は姿を消します。これは乳牛を飼育する際に経費がかさむため、経済的理由から乳牛が姿を消したと考えられます。奈良時代・平安時代は律令制でしたが、鎌倉時代になり武士の時代に代わると、社会のしくみが変わります。このことが、乳製品が姿を消すことと関係しているとも考えられます。再び乳製品が日本人に食される機会は江戸時代中期以降になります。オランダ医学の影響により将軍徳川吉宗は乳製品に着目していたようです。

3.2.2　明治時代以降の牛乳・乳製品

牛乳・乳製品が本格的に日本人に飲食されることになるのは明治時代以降となります。洋食の広がりとともに、牛乳・乳製品が日本人にも広がっていきます。

その時代の変化を予測し、イギリスから乳牛のホルスタインを輸入した牧場を経営するものが現れます。中澤惣次郎という人物で、後の乳製品製造業の中沢フーズを興した創業者になります。彼は明治元年に現在の新橋駅界隈から汐留までの場所に牧場を設けます。翌年、新橋から横浜まで日本初の鉄道を敷くために、牧場は移転することになりますが、近代における日本で初めての牧場は新橋にあったことになります。

明治時代半ばごろには、病弱な人への薬がわりに使われていた様子が寺田寅彦の随筆にも記載が現れます。

大正時代には、学校給食に牛乳が提供された記録もあります。初めて給食に供された記録は大正９年東京都麹町小学校です。その当時のようすが写真で残っていますが、写真をみると、かしこまって飲む様子がわかります。当時、牛乳が貴重なものであったことがうかがわれます。

戦後は、脱脂粉乳の給食により、国内に牛乳が拡大します。厚生省には平成13年まで「乳肉衛生課」という部署がありました。厚生省でわざわざ乳肉衛生を区別していたほど乳と食肉が衛生上重要な食品であったことが、うかがい知れます。**牛乳は人にとっても栄養たっぷりですが微生物にとっても栄養たっぷりです**。油断すると一気に微生物が繁殖します。牛乳は微生物管理をしっかりしないといけない食材なのです。したがって衛生管理が難しく、かつ衛生上重要な食材なのです。

3.2.3　牛乳に水混入事件

牛乳の成分規格には「比重」の項目があります。牛乳の比重は牛乳成分濃度を反映し、正常か否かを判別できます。脂肪は比重を下げますので、水を含め他の物質を加えると牛乳の比重を上げます。したがって加水や脱脂の有無を判別できます。牛乳に水を加えるなんて想像もつきませんが、過去には加水を行った事件が起こっています。

全国酪農農業協同組合連合会（全酪農）の長岡工場にて、水が混ざって薄まった生乳、脱脂乳、クリームを混ぜて加工した乳を「成分無調整牛乳」として不正に表示し出荷していたという事件が1996（平成8）年3月に明るみに出ます。その後、宮城工場でも不正があったことが分かります。法的には、成分無調整牛乳は殺菌や加熱以外の加工が禁じられており、加工した場合は加工乳と表示しなくてはいけなかったのです。当時、全酪農は乳製品の売り上げが875億円で、業界8位でした。事件発覚により、その後、経営は悪化します。

全酪農は乳業部門を切り離し、新会社（ジャパンミルクネット（株））に移行することになります。2003（平成15）年には、ジャパンミルクネットと、全国農協直販（株）・雪印乳業（株）より分離した牛乳部門が統合し、日本ミルクコミュニティへと至ります。2009（平成21）年には、日本ミルクコミュニティは雪印乳業と経営統合し、持株会社「雪印メグミルク」となり、今日の、雪印メグミルクへと至ることになります。

3.3　食品・環境公害の原点

3.3.1　足尾銅山鉱毒事件

第2次世界大戦以前の食品汚染をももたらしたわが国の代表的な公害事件として足尾銅山鉱毒事件があります。

足尾の銅鉱石はヒ素と硫黄を含み、精錬の過程で、これら重金属や硫酸銅が渡良瀬川に溶出しました。硫黄は亜硫酸ガスとしても排出され、周辺の農作物への影響はもちろん、酸性雨の原因になり、土壌は酸性化し、山林は枯れ、山肌は露出していきました。

足尾の山は、いくつかの要因が重なり、広い範囲で丸坊主になってしまいました。荒れた山肌は今でも見受けられます。この要因とは精錬や日常生活のための森林伐採が盛んに行われたことが一つにあります。伐採された官有林の面積は1881（明治14）年から、1893（明治26）年までの13年間で6,760 haに及んでいます。1887年には大きな山火事も起きています。「松木大火」と呼ばれるもので、約1,100 haの森林が消失したとされています。今から100年以上前の1893年の時点で、足尾の山林全体の77%、民有林のほぼ100%はすでに樹木のない山になったとの報告もあります。加えて、銅の精錬によって、排出された亜硫酸ガスは降雨で、硫酸を含む雨となって足尾の山に降り注ぎます。土壌は酸性化され、木は枯れることはもちろんのこと、種を植えても芽が出ない山地となってしまいました。

写真3-1　岩が露出して見える足尾の山肌（撮影：大道公秀）

大雨になると山からの水とともに鉱毒を含んだ土砂が下流に流れ出します。鉱毒を含んだ大量の水は渡良瀬川下流の生態系を大きく破壊し、動植物・農産物・畜産などに大きな被害を与えたのです。例えば、渡良瀬川の鮎など魚の大量死が始まります（明治18年頃）。馬は煙害のため倒れ、山林の猿・鹿・熊などの大型動物が姿を消していきます。流域で営まれていた蚕糸が変質していきます。飲み水であった井戸水が汚染されます。そして渡良瀬川流域の水田の稲が枯れていったのです。結果として、渡良瀬川流域地価の下落が起こります。また桑栽培と養蚕といった農業及び漁業収入の減収が起こります。川は浅くなり船の往来が難しくなります。これらから地域の貧困化も始まったとされます。

足尾銅山によるヒトへの健康被害を考えるうえで、興味深い資料をいくつか紹介したいと思います。

まず一つが、1887（明治20）～1896（明治29）年の徴兵検査人員に対する不合格者の割合（表3-1）です。内務省衛生局長だった後藤新平は足尾銅山の健康影響を調査した報告書（明治30年10月14日）を残しています。その添付書類として徴兵検査不合格対照統計表というものがあります。その解析によると、渡良瀬川流域の栃木県上都賀郡、栃木県安蘇郡、栃木県下都賀郡の割合はそれぞれ、58.42、69.29、58.09と宇都宮市の23.83、栃木県全体の29.21より高いのです。群馬県でも同様です。群馬県邑楽郡では、69.58で、群馬県全体の40.74よりも高いです。全国平均は34.57～45.90でしたので、やはり高いのです。つまり健康的な身体ではなかった人の割合がこの地域では多かったのです。

表3-1　徴兵検査人員に対する不合格者の割合

	明治20～29年（%）
栃木県上都賀郡	58.42
栃木県安蘇郡	69.29
栃木県下都賀郡	58.09
宇都宮市	23.83
栃木県全体	29.21
群馬県邑楽郡	69.58
群馬県全体	40.74
全国	34.57～45.90

出典：後藤新平復命書添付書類及び小西徳應「足尾銅山温存の構造」より参照、引用

また、足尾銅山鉱毒被害地出生、死者、調査統計報告書（明治32年）によると、人口100人に対する出産、死亡件数として、出産が被害激甚地、接続の無害地、全国平均がそれぞれ、1.85、3.44, 3.08とあります。死亡はそ

れぞれ5.87、1.92、2.20です。このように健康被害が生じていたのです。

足尾銅山鉱毒事件による健康被害とは、特定の重金属による健康影響というより、農作物が育たなくなったこととそれに伴う貧困が原因で食糧不足・栄養不足が原因にあったと私は考えています。

貧困になると、不衛生な環境に陥ります。不衛生になると病気になります。仕事ができなくなったりします。ますます貧困になり、より不衛生な環境になって、人々は不健康になって……といったよう進んでいくのだと思います。足尾の場合は、**環境汚染⇒農業・水産業への悪影響⇒収入不足による貧困⇒食料が得られない低栄養、そして衛生状態の悪化⇒病気⇒貧困⇒**……といった連鎖が進んでいったように思います。

そういうようなことが起こらないようにするしくみづくりも「公衆衛生」という分野だと私は思っています。

3.3.2　北海道の「栃木」

北海道佐呂間町に「栃木」という地名があります。この地名の由来は、足尾銅山鉱毒事件と関係があります。

足尾銅山鉱毒による渡良瀬川下流地域への被害というのは、硫化銅などを含む廃鉱が洪水により下流に流され、田畑に氾濫し被害が生じていました。そのため鉱毒反対運動は、鉱山経営そのものの廃止に加え、治水対策も含まれていたのです。そこで足尾銅山鉱毒事件への対策として栃木県谷中村を廃村し、貯水池（今の渡良瀬遊水地）を作りました。その際に政府は住民を強制的に立ち退かせたのです。この中に北海道に移住していった人たちがいます。1911（明治44）年4月7日、栃木県下都賀郡南部7町村の鉱毒と水害による生活困窮者二百数十名の一団が北海道佐呂間町に出発したのです。

移民団の人々は「南向きで肥沃な大地」と栃木県の職員から聞いていました。しかし実際には、北向きで三方山に囲まれ原始林がそそり立つ未開の地だったそうです。栃木という名前は故郷を忘れないという思いから付けられました。望郷への思いは帰郷運動に発展しました。しかし、町の過疎化に拍車がかかることから町にとっては好まざる運動だったようです。

一部世帯が故郷に集団帰郷するまで60年の歳月を要したようです。

哀しい歴史の一面です。そして、福島第一原発事故に伴い、故郷を立ち退かなくてはいけなくなった人々とも、どこか通じるものを感じます。

写真3-2　渡良瀬遊水地（かつてここに村があった）（撮影：大道公秀）

3.3.3　足尾を訪れて思ったこと

私が初めて足尾の鉱山施設の廃墟や露出した山肌の風景を見たのは、今から15年ほど前の話です。私は「違和感」あるいは「悲壮感」という言葉が適当かどうかわかりませんが、露出した山肌の風景にいたたまれないような印象を覚えたことを今でも覚えています。印象的に言えば、私は足尾に「暗さ」を感じました。晴天の太陽のもとで緑に満ちていない山肌と工場の跡地への日差しが鈍く反射している光景を目にしたときに、私は哀しいような感覚になったのです。しかし私が一方的に感じるこの感情は、足尾で暮らす人々をあるいは生きてきた人々を傷つけるものになるのではないかとも考え、私はためらいもしました。

そうした私に、救いになるかもしれないことがありました。「負の歴史ばかりが強調される足尾銅山には、日本の近代化を支えた功績もあることを知って欲しい」として2005（平成17）年4月に設立された足尾歴史館との出会いでした。私は開館して間もない、足尾歴史館を訪れ、当時館長の長井一雄さんから、元気よく足尾の輝かしい歴史を解説していただき、「光」の部分に気づかされました。足尾はわが国公害の原点であると同時に、日本の近代化を支えてきた事実は間違いありません。足尾歴史館に限らず足尾の人々が歴史と向き合いながら足尾の街に活力を見いだそうとしてこられた歩みとその姿に私は新しい“風景”を感じたのです。私は“風景”を、その後の人生で、別の場所で、私は何度か経験していくこととなります。

この世の中の“風景”は光と陰の両面をもちます。私はその両義的なこの世の中の“風景”を見続けたいです。

なお、足尾歴史館は現在、NPO法人足尾歴史館が運営しております。しかし2019年度からは、古河機械金属への運営の譲渡が予定されています。2019年度からリニューアルした新しい歴史館も見てみたいです。

3.3.4　エコフェミニズムと足尾

千葉大学の大学院生だった酒井高太朗さんは足尾銅山を扱った修士論文を2000年にまとめています。「性別構成が男性に偏る労働者という主体と労働対象となった無生物という客体に再生の不能という共通性を見出すことに大きな意味はないのかもしれない。ただ銅生産という目的に沿って資源、労働者、資本、国家が足尾のつくり出した社会に、再生を秘めた大地や家庭を破壊する活動を基盤として近代足尾銅山に絡んだ社会が成立し、ともすると、近代足尾銅山に象徴される近代国家社会のあり方も、再生不能に立脚することになったかもしれない」と近代足尾銅山の特性を解説しています。この視点は環境破壊の原因を考える際のヒントになるのではないかと思索しています。

足尾鉱害に限定することから離れて考えてみると、生命学者の森岡正博先生は『環境倫理と環境教育』（伊藤俊太郎編）の分担執筆の中で、1980

年代の環境思想潮流として女性学、女性運動の立場から環境問題を根本的に見直そうとする「エコフェミニズム」の考え方を紹介しています。エコフェミニズムによると、「現在の地球規模の環境破壊をもたらした元凶は、西欧の自然科学技術と産業化であり、その背後には自然を支配し搾取することを肯定した近代の哲学と世界観がある」と考えます。そして、「そのような哲学をつくり上げたのはほかならぬ「男性」であり、「男性」はそのイデオロギーを自然環境に暴力的に適用して自然支配を遂行した」とし、「さらに、いままで環境危機の原因は、ユダヤーキリスト教に帰せられたり、あるいは資本主義に帰せられたりした。しかしエコフェミニズムの立場からいえば、環境危機の根本原因は、家父長制の歴史にある」という考え方があります。

直感的に言えば、エコフェミニズムの概念は環境問題を考える上での鍵になるのではないかという予感が私にはあります。私はこの直感をまだ整理できていないままです。ただ、負の"風景"を持つこの土地に見られる、足尾歴史館の開設であったり、植林であったりする町おこし・再生の動きに、私は新たな日光を放つ可能性を孕んだ「再生可能」な風景を感じるのです。

3.4　食品衛生の世界史　～公衆衛生・食品衛生の起源

3.4.1　現代の「公衆衛生」の原型はイギリスに始まる

さて、海外に目を向けてみます。今日の公衆衛生・食品衛生の衛生監視の原型は、19世紀のイギリスで誕生しました。イギリスは18世紀に産業革命を経験します。機械による生産手段が普及することで、工場による生産方式が進み、多数の労働者が誕生し、人口が都市に集中します。人口の都市集中により、不衛生な状況が生まれます。人にとって最も不衛生な存在は人であり、人が集まることで不衛生な状態が発生したのです。**不衛生な状態は人々に病気をもたらします。病気になると人々は働けなくなり、**

貧困に陥ります。貧困になると、ますます不衛生な状況になります。このような具合に、連鎖が続くことになります。そのため、不衛生に対する、「公衆衛生」の考え方が生まれていったのです。

この「公衆衛生」の体制を創設した人物で、エドウィン・チャドウィックという人物がいます。彼は病気の原因を、「悪い土地、水、空気」によってもたらされるという、(医学の父と呼ばれる)「ヒポクラテス」が唱えていた説（瘴気論）を信じ、病気の原因の不衛生を改善するため都市の衛生環境の改善に取り組みました。そのためには全国一律に対策を講じる必要があると考え、1848年に公衆衛生法を制定しています。

食品の監視については、食品の安全と表示の適正化を図るために始まっています。19世紀初頭のイギリスでは不純物混和や添加物、脱色剤を使った偽物、見せかけの食品が氾濫し、死亡者も出ました。

1858年のブラッドフォードでヒ素入り菱形飴によって患者200人、死亡者20人の食中毒が発生します。これを機に**1860年に「混ぜ物工作禁止法」が制定され、食品監視・規制制度と体制が世界で初めて作られます。**この法律では、自治体に食品の分析を担う公的職員として「食品分析員」の設置を求め、はじめにロンドン、バーミンガム、ダブリンに置かれました。1872年には「不純食品取締法」により、すべての自治体に置くことになっています。1875年には「食品・薬品販売法」が制定され、不純物混和食品の流通は激減しました。

3.5　第二次世界大戦後のわが国の食品衛生

3.5.1　はじめに

私は、農林水産省所管の公益法人と、厚生労働省所管の公益法人に、それぞれ勤務したことがあります。特に後者の日本食品衛生協会では本部勤務だったため行政OBの方、いわゆる天下りの方が直属の上司だったりしました。この方々からいろいろな食品衛生にまつわる昔話を聞かせていただき、私は大変勉強になりました。

日本食品衛生協会では、食品衛生上の優良店とされる店舗を食品衛生優良施設として表彰を行う事業を実施していました。皆さんが訪れる飲食店・食品事業者の店頭に表彰状が飾られているということはありませんか？
私は表彰事業に関わっていました。秋になると表彰状を丸めて筒に入れていた作業を思い出します。そのため、飲食店に行く機会があると、飲食店に飾ってある表彰状に反応してしまいます。この表彰の準備の仕事をしているときに、この表彰制度の起源は、「実は米軍の指示が端緒にあった」という話を「日本食品衛生史」の著者の一人でもあり、厚生労働省OBの東島弘明さんから聞かされことがあります。戦後、日本を占領していた米兵が、日本で食中毒を起こさないで食事ができるよう、優良店に印をつけていたようなことを東島さんは話されたのです。その話が興味深く、私は調べてみました。

3.5.2　米兵と食品衛生

1951（昭和26）年7月20日、「占領軍部隊員規則の緩和について」の文書がマッカーサーの後任のリッジウェイ連合国軍最高司令官の命令により、進駐軍将兵に対して出されます。内容は、**それまでは米兵が自由に出入りすることを許していなかった日本人経営の飲食店に、日本政府が「秀」と格付けした飲食店において飲食することを許す**というものでした。戦争直後の日本の衛生状況は劣悪でした。そのため、おそらく米兵の健康を守るという意味から、**米兵に対して日本人経営の飲食店での飲食を禁止していた**のです。第2次世界大戦終結の1945（昭和20）年8月15日からおよそ6年たってからの規制緩和となります。この規制緩和により、進駐軍将兵が日本人経営の飲食店利用の際に、店を選択する指標となったのが、一種の「食品表示」ともいえる目印でした。格付制度で、「秀」と格付けられた場合、10インチ四方の貼札によって明記し、当該飲食店の内部に、目につくよう掲示することとなっていました。

格付け制度は、当時流行していた赤痢対策の一環でGHQ当局が日本政府に食品衛生取り締まり強化を要求した結果、設けられた一面もあります。格付制度は、昭和25年7月21日厚生省発衛第127号の中で、「採点制及び等級表示制の採用」があり、昭和26年6月2日厚生省令第25号により「採点等等級格付制度」として始まっています。昭和27年3月4日の厚生省発衛第27号の食品衛生法施行規則の改正により、等級表示に関する規定をなくしています。変わって、表彰的に優良店舗であることを表示させることとなります。話が繋がってきました。この**格付けの考え方が、後の食品衛生優良施設表彰の発想に繋がっています**。なお、昭和27年3月4日の厚生省発衛第27号において「優良店舗審査会」の設置について触れられています。昭和31年11月1日には第1回食品衛生功労者・優良施設厚生大臣表彰が開かれています。

日本が主権と独立を回復し、連合国軍による日本占領は終了となったのは昭和27年4月28日になります。対日講和条約発効・日米安全保障条約発効に伴うものです。もちろんこの条約発効により、米兵は飲食をどこでも自由にできます。等級表示の規定をなくした昭和27年3月4日から、日本の主権回復となる4月28日までの規制が空白の期間があります。この期間は、法的には米兵たちはどのように食事をしていたのかが疑問となります。その頃になると、規制と実態はあまり伴っていなかったかもしれません。

3.5.3　食品衛生法

1945（昭和20）年8月15日に第2次世界大戦はわが国のポツダム宣言受諾により終結しました。1946年11月に日本国憲法は公布され、翌年5月3日に憲法が施行されます。これによりこれまでのすべての法律が見直され、行政の仕組みが大きく変わりました。食品衛生法と食品衛生行政も例外なく見直されています。

食品衛生法は1947（昭和22）年12月に制定され、翌年1月1日に施行されています。食品衛生法は、米国の食品薬品化粧品取締法を参考にして作られたとも言われています。食品衛生行政は、戦前は警察が行っていました。戦後は厚生省所管となります。また、飲食店の指導等にあたるのは警察官から食品衛生監視員という職種に替わります。

3.5.4 戦後の混乱期と食品衛生

○戦後のメタノール含有酒類の流通

戦後直後に多かった食中毒事例がメタノール中毒です。酒類の入手が困難だったこともあり、粗悪なメタノールを含有した酒類が流通していました。昭和21年のメタノール中毒患者数は約2,600人で死者は約2,000人に至っています。日本では昭和52年発生の1件を最後に食中毒としてのメタノール中毒は起こっていません。

ただし、平成28年3月に、毒性のあるメタノールを混入した酒を夫に飲ませて、殺害した妻が逮捕されています。厚生労働省の食中毒統計には挙がっていませんでしたので食中毒としては数えられていないようです。

○帝銀事件

1948（昭和23）年1月に東京都豊島区の帝国銀行椎名町支店に「東京都衛生課医員」と称する男が、集団赤痢の予防薬と偽り行員16人に青酸化合物を飲ませ12人を毒殺し、現金と小切手を奪うという事件が起きました。

いまの時代に、例えば私が東京都の衛生担当と名乗り、銀行に行って、「感染症が流行しておりますので、いますぐこの薬を飲んでください」と言っても誰も信用しないでしょう。当時は衛生状況が悪く、感染症がとても流行していたので、おそらくその恐怖心からも、毒薬を飲んでしまったのかもしれません。

○見た目が似たものを間違えた誤認事件　～劇薬と小麦粉を間違えた

1951（昭和26）年6月31日、浦和の高校での調理実習で、小麦粉を使って焼餅を作っていたところ、教師が生徒に小麦粉と誤って、爆薬の主原料でもある「ヘキソーゲン」を渡してしまいました。当時、殺鼠剤としても使われていたようです。このヘキソーゲンが含まれた焼餅飲食後、5分以内に教師と生徒が、めまい、顔面蒼白、悪心、嘔吐、けいれん等、激烈な中毒症状で苦悶したという事件が起こっています。爆薬と小麦粉を間違えた事例は他に聞いたことはありません。戦後の混乱期に起きた独特なケースでしょう。しかし、見た目が似たものを間違えるというのはよくある話で、しばしば食中毒事件が起こっています。例えば、平成24年7月7日、新潟市の居酒屋での出来事です。この居酒屋では、食器用のアルカリ性洗剤を、ラベルがついたままの一升瓶に入れてしまいました。そこで従業員は、洗剤が入っている一升瓶を日本酒と間違えてしまい、客に提供してしまったのです。飲んでしまった男性客２人はのどの痛みなどを訴えて病院で治療を受けることになります。

山菜などの食用可能植物と毒草とを間違えて命を失うこともあります。毒草は命を失うこともありけっこう恐ろしい自然毒をもっています。自然毒のことは後でまたお話しします。

○紙芝居と食品衛生

昭和26年3月5日、「紙芝居業者の食品販売に対する取り締まりについて」厚生省公衆衛生局長から各都道府県知事に通知が出されています。当時は子供たちに紙芝居を見せる業者が街頭で見受けられました。私も父母から子供の時、紙芝居を楽しみにしていたという昔話を聞いたことがあります。そのとき子供たちに飴玉などお菓子が配られていた（売られていた？）そうです。子供たちはそのお菓子を楽しみにしていたと、私の職場の60代の教授もおっしゃっています。しかしながら、不衛生な食品の取り扱いをしている紙芝居業者も当時はいたことと想像するのは難しくありません。通知の中で、「業者の販売する食品は、衛生的な原材料、施設、方法により製造され、特にセロファン、パラフィン紙等の包み紙により衛生的に包装され・業者が直接手指が触れないような方法の講ぜられたものに限ること。」ともあります。当時は包装がないものも多く、包装が仮にあっても、素手で、あまり衛生的配慮なく、包んでいたのかもしれません。しかし、一方で、そういう状態で喫食したから「強い子供」になったのかもしれないとも思ったりもしますし、いやいや、だから、感染症で苦しんだ子供たちも多かったのかもしれないとも思ったりもします。

3.6 食品公害事件

戦後の経済成長のなか公害事件がいくつも起きました。深刻な食中毒事件、健康被害事件としては水俣病、森永ヒ素ミルク事件、カネミ油症事件があります。この3つの事件について触れておきたいと思います。

3.6.1 水俣病

水俣病は工場から環境中に排出されたメチル水銀が魚に蓄積し、汚染された魚を食べることで起きた神経系の病気です。主な症状は、手足の感覚障害、運動失調、目の見える範囲が狭くなる求心性視野狭窄、聴力障害、平衡感覚障害、言語障害、震戦（しんせん）（手足のしびれ）、眼球運動障害があります。また妊娠中に母親が汚染された魚を食べ、胎盤を通じて胎児がメチル水銀中毒となって、脳性小児麻痺に近い障害をもって生まれる胎児性水俣病もあります。患者数は2万人以上とも、5万人以上とも、10万人以上とも言われています。

熊本県水俣湾周辺で、1956（昭和31）年に初めてその発生が確認されました。4月21日、熊本県水俣市の海岸近くに住む幼児が、口がきけない、歩くことができない、食事することもできない重い症状のため、新日本窒素肥料株式会社（のちのチッソ、以下；チッソ）水俣工場附属病院を訪れます。その後も同じような症状を訴える患者3名が入院し、5月1日に細川一院長が保健所に「原因不明の脳症状を呈する患者4人が入院した」と水俣保健所に報告したのです。この日が水俣病公式確認の日となっています。

公式確認当時には、伝染病ではないかともいわれていました。原因はいまではわかっています。原因は、チッソ水俣工場におけるアセトアルデヒド製造工程からの排水にメチル水銀が含まれていたことです。1932（昭和7）年から水俣湾には流れていたとされています。1950年頃（昭和20年代後半頃）から、水俣湾では貝類が死んだり、魚が浮き上がったり、海草が育たなくなるなどの現象が見られ、ネコが狂い死にするような異変が頻繁に見られるようになりました。

水銀排出抑制効果がある完全循環方式の採用により、原則として、排出がなくなったのは1966（昭和41）年6月です。さらにアセトアルデヒド生産が停止となって発生源がなくなるのは1968年（昭和43）年5月です。30年以上、メチル水銀は水俣湾に流され続けたのです。「原因究明」に長い時間を費やし、そして被害は拡大しました。

一方で、「本疾病は伝染病患者ではなく、一種の中毒症であり、その原因は水俣湾産魚介類の摂取によるものである」と1956年の11月3日に熊本大学研究班は中間報告として報告しています。原因物質としてメチル水銀はわからなかったとしても魚介類が原因であることが報告されていました。

熊本県は翌1957年8月16日に厚生省に対して「水俣湾内産の魚介類に食品衛生法4条2号を適用すること」の可否について照会しています。つまり規制の伺いをたてたのです。しかし、厚生省は9月11日「水俣湾内特定地域の魚介類の**すべてが有毒化しているという明らかな根拠が認められない**ので、水俣湾内特定地域において捕獲された魚介類のすべてに対し、食品衛生法4条2号を適用することはできないものと考える」旨を回答しています。**このとき食品衛生法を適用し、魚を食べないよう規制さえしていれば**ずいぶん状況は変わったはずだとする意見はあります。なお、少なくとも現代においては、**「すべて」が汚染されているかどうかという視点で、食中毒の調査は通常はなされません。**

結果論かもしれませんが、水俣病は通常の食中毒と同様に行政は規制や対策をとるべきだったのだとは思います。水俣病は食中毒だからです。食中毒統計資料では熊本県からの報告としての水俣病事例の報告はありません。一方で鹿児島県から1960（昭和35）年に出水市米ノ津の事件として水俣病3例が事件として報告があります。鹿児島県はチッソの政治的・社会的・経済的なしがらみもなく、「素直に」食中毒として処理したのかもしれません。熊本県と鹿児島県の処理対応の違いからも、「チッソ」の熊本への影響力が推察できます。

1968（昭和43）年9月26日に政府は水俣病について、「熊本水俣病は新日窒水俣工場アセトアルデヒド酢酸設備内で生成されたメチル水銀化合物が原因」と公式発表を行います。公式確認から12年後です。

○水俣湾の埋め立て

チッソ水俣工場による水銀を含んだ廃水は水俣湾を汚染しました。水銀を含んだ大量のヘドロは海底に積み重なり、その厚さは4 mになるところもあったそうです。この水俣の海は約13年の歳月と485億円というお金をかけて、熊本県によって埋めたてられ、1990年に、公園等からなる「エコパーク水俣」(58.2 ha) として再生しました。

写真3-3　エコパーク水俣の現在の様子（かつてこの地は水俣湾だった）
（撮影：大道公秀）

メチル水銀に汚染された魚については、1974年に、水俣湾の外に行かないように仕切り網を設置しました。そして食用ではなく、処分するための漁がおこなわれたのです。水俣湾から「取り除かれた」魚は焼却されたり、ドラム缶につめられ、埋め立てられています。仕切り網が設置されてから23年後の1997年になって仕切り網は外され、熊本県知事により水俣湾の魚の安全が宣言されています。

写真3-3はかつて海だった場所です。大学教員になって間もないころ、教

科書に書いてある、「あの水俣」の地を訪れたく、足を運びました。実際にその土地に立つと、いろいろ考えさせられるものです。「あの水俣」が「この水俣」と変わり、水俣病のことをよりよく知れました。本や映像で見聞きするだけでなく、現地を訪れることの重要性を感じました。エコパーク水俣のあるエリアに水俣市立水俣病資料館があります。当時を物語る貴重な資料が多数展示されています。ぜひ訪れたい資料館です。

3.6.2 森永ヒ素ミルク事件

ヒ素が原因で甚大な健康被害をもたらした食中毒事件として1955（昭和30）年に中国・関西地区で人工栄養児に多発した乳児用調製粉乳中毒（森永ヒ素ミルク事件）がありました。この食中毒事件では約12,000名が発熱、下痢、肝障害、色素沈着の中毒症状を呈し、130名以上の死者も出しています。この原因は森永乳業株式会社が製造販売した乳児用粉ミルクに工業廃棄物由来のヒ素化合物（亜ヒ酸と推定）が混入したのです。被害者の中には現在なお重度の後遺症をもっておられる方がいます。

森永乳業徳島工場では粉ミルクを製造する際の乳質安定剤として第二リン酸ナトリウムを使用していました。この第二リン酸ナトリウムは粉ミルクの製造過程で使用されても最終製品にはそのままの形では残りません。そのため、第二リン酸ナトリウムは食品添加物なのか、当時の食品衛生法ではあいまいではありました。この事件をきっかけに食品衛生法で「製造の過程において使用されたものはすべて添加物とみなす」とされ、定義が明確になっています。

さて、森永は、1950年7月から第二リン酸ナトリウムを試験的に使用し、1953年から本格的に使用しますが、このときに第二リン酸ナトリウムの品質を上質の試薬一級から粗悪な工業用品に切り替えたのです。ただ当面は問題がなかったようです。しかし1955年4月10日に納品された第二リン酸ナトリウムには重量比4.2～6.3％のヒ素成分が含まれていました。人体に有害とされるのは重量比0.3％以上とされます。

もとは、アルミナ（酸化アルミニウム）を精錬するためのヒ素含有廃棄物でした。森永はそれを事前検査することもなく使用しました。結果として、ヒ素が混入した粉ミルクを乳児が飲むこととなります。1955年6月頃より各地の病院を乳児が訪れることになります。岡山大学医学部では8月5日頃、森永の粉ミルクの中毒説が話題にあがりますが、食中毒疑いの通報はなされないまま被害はさらに拡大していきます。

7月半ば奈良県のある開業医が診療経験から森永製の粉ミルクが原因と確信し保健所に届け出ましたが、保健所は、「まさかあの大会社が」として取り合わなかったそうです。また森永本社にも警告の手紙を送ったのですが、誤診を決めつけた返事が返ってきました。もう一度手紙を送ったのですが、返事はなかったそうです。

8月24日岡山大学医学部小児科教授が岡山県衛生部の要請により「森永ヒ素ミルク事件」を公式に発表します。

森永ヒ素ミルク事件が起きた当時、丸々と太った赤ちゃんが良いという雰囲気がありました。その例として「赤ちゃんコンクール」というようなものが各地で開かれ、太った赤ちゃんが表彰されたくらいです。このように太った赤ちゃんが好まれた理由としては、戦後の貧しさからの反動も一つの理由として考えられます。そこに粉ミルクメーカーの企業戦略が加わった要素もあるかもしれません。粉ミルクは母乳よりも栄養価が高いため、太った赤ちゃんを理想とすると、企業からの提案は粉ミルクを飲みましょうという流れになると思います。また当時、日本はまだ経済発展の過程にありました。貧しい家庭も多く、貧しい家庭では、お母さんの母乳もあまりでないということもあったという話を、年配の方から聞きました。そういった家庭・お母さんは粉ミルクを効果的な栄養源と考え、利用されたのかもしれません。いずれにせよ**粉ミルクはよく売れたそうです**。

当時は森永のライバル企業は明治であり、お互い競争しあっていました。粉ミルクの大量生産と企業間競争という状況下で、メーカーは原乳をたくさん集める必要もありました。たくさん集めるため、だんだん遠くからも集めていきます。第二リン酸ナトリウムは粉ミルクを製造するための乳質安定剤であり、酸性化の進んだ（新鮮ではない）原乳を中和するための食品添加物でした。原乳をより遠くから、たくさん集め、そして粉ミルクをたくさん供給しなくてはいけない背景があり、そのことにより乳質安定剤の第二リン酸ナトリウムを使用する頻度が増えていったこともあったのではないかと私は推測しています。

事件後、行政では、乳製品の食品添加物の規制を強化し、さらに食品添加物規制全般を強化します。また、食品添加物の成分規格、使用基準などを定めた食品添加物公定書を刊行していきます。この事件を契機に、乳製品、添加物製造業など、製造または加工の過程において特に衛生上の考慮を必要とする施設には「食品衛生管理者」を設置することにもなります。

なお、森永は事件により凋落していきます。一方では雪印が、その後、明治と並ぶ乳製品業界のトップクラス企業となっていきます。トップクラス企業となった雪印も2000（平成12）年、大規模食中毒事件を起こし、凋落することとなります。そのことは後でも述べます。

明治は大規模な食中毒事件を起こしていないようなのですが、偶然なのか、あるいは何かわけがあるのでしょうか。ちなみに私は明治になぜだと思いますかとの問合せメールを一度したことがあります。受け取った方は困ったかもしれません。当たり障りのない回答をいただきました。愚問だったのかもしれません。ただ大規模な食中毒事件を起こさなかったことが、現在に至る明治の躍進につながったことは事実です。

さて、事件後の患者救済ですが、被害者の救済事業を行うため、1974（昭和49）年に「ひかり協会」が作られます。この団体は被害者の親たちが長く苦しい運動のなか、国（厚生省）、「森永ヒ素ミルク中毒の被害者を守る会」、森永乳業の三者の話し合いが進められて到達した三者会談確認書に基づき成立した団体です。この団体の発足により、国と森永乳業の責任を問う3件の民事訴訟が取り下げられています。そういう意味では「ひかり協会」の発足は裁判外紛争解決史上の先駆けであったとする意見もあります。ひかり協会では、被害者救済のための事業及び調査・研究等を行い、被害者の持続的な健康管理や生活の保障・援助、自立生活の促進などの事業を進めています。

3.6.3　カネミ油症事件

1968年（昭和43）年、福岡、長崎の両県を中心とした西日本の一部で、皮膚や目に特徴的な症状を呈する奇病が発生しました。症状は発疹、関節や手足表面の角質化、目やにの排泄、爪の色の黒変、さらには歯の抜けおち、激しい下痢、歩行困難、全身倦怠があり、重い場合には黄疸、死亡例があります。

母親の胎内で油症にかかり、赤ちゃんが重度の障害をもって生まれてくる新生児油症や母乳だけで油症になった幼児の例もあります。

確認された油症患者は1969年までに、1,001人、1990年までに1,862人（うち死亡者80人以上）です。いまだ根本的な治療方法はないとされています。

原因はカネミ倉庫株式会社製造のライスオイルに含まれていたPCBです。カネミ倉庫がライスオイルを増産するため、機能の性能を無視した無理な設備投資により、パイプがさらに劣化し、脱臭工程で熱媒体として使用したPCBの流出と混入を招いたのです。現在では油症の主な原因はPCBではなく、PCDF（ポリ塩化ジベンゾパラジオキシン）やコプラナーPCBなどのDL-PCB（ダイオキシン様ポリ塩化ビフェニル）であると指摘されています。

3.7　食中毒事件数・患者数

3.7.1　食中毒事件数・患者数はほんとうの数？

国は1878（明治11）年12月に内務省令により食中毒の届け出を義務付け、患者所在警察署で届け出を取り扱っていました。当時の衛生問題は内務省が所管する警察だったのです。私が調べられた一番古い食中毒統計資料は、戦後9年たっていますが昭和29年のものです。その事件数1,354件、患者数22,528人、死者358人です。平成29年の統計がそれぞれ、1,014件、16,464人、3人です（表3-2）。あれ？　死者は、さすがに当時の方が圧倒的に多いですが、事件数と患者数は現代と比べて、大きな差があるとまでは言えません。実際はそんなはずはないと思います。今よりもっと事件数も患者数も多いはずです。当時の方が、今よりはるかに衛生状態は悪かったのです。おそらく、食中毒なんてあたりまえの時代だったので、死亡ほどの重度ではない限り統計にでてこなかったのだと思います。

さて、現代の食中毒統計上の数値も実態にあっているのでしょうか？おそらく事件数と患者数はもっと多いと思います。統計上の数値は、食品衛生法に基づき医師が保健所に届け出た数値です。お医者さんはとてもお忙しいので、食中毒の疑いにあっても届け出ない場合もあるでしょう。また軽い症状なら、医師の診察を受けない場合もあるでしょう。そう考えると、統計上の数値と実態は違うと思います。ある研究によると実際の食中毒患者数は、届け出の45～255倍と推定しています。平成27年の場合では統計上が22,528人ですから、実際は、約100～570万人ということになります。

表3-2　昭和29年と平成29年の食中毒数の違い

	事件数	患者数	死者
昭和29年	1,354	22,528	358
平成29年	1,014	16,464	3

出典：厚生労働省　食中毒統計

私のよく知るある外科医は内視鏡でアニサキスを発見したことがあるそうです。患者さんは、最近サバを食べたことがあるそうで、たぶんそのサバが原因だろうと思ったそうです。「食中毒の届け出はされましたか」と私がその医師に尋ねたところ、「していない。え!?　しないといけないの？」と少し驚かれていました。食品衛生法では、食中毒患者等診断または検診した医師は直ちに最寄りの保健所長に届け出することを規定しています。しかし、現実として、医師の中には食品衛生法に規定されている「医師による食中毒の届け出義務」を知らない（昔、習ったはずだけど忘れた？）方もおられます。

さて届け出の数字を全国各自治体で比べると、広島市の食中毒件数が突出していたことが有名でした。例えば平成19年の場合、事件数227です。このときの広島市の人口は約117万人です。同じ時期、広島市より少し多い約120万人の人口のさいたま市の場合、食中毒件数はなんと、たったの3件との報告です。

広島市で届け出が多かった理由は、広島市では、平成9年の途中から食中毒の患者（もしくは疑い）が「1人」でも確認されたら、医師により届け出がなされているからです。平成19年の場合、事件数227ですが、そのうち患者1人の事件が208件です。圧倒的に1人事例で占めているのです。広島市は患者数1人であっても積極的に届出をされ、長くその傾向が続いていました。このように自治体により食中毒の届け出については温度差があります。

広島市では、食中毒の届け出、特に1人事例の届け出が多いのには理由があるようです。広島市では、過去に「1人」だけ食中毒事例時に、医師が届け出なかったことに対して問題意識を感じた「誰かしら」がおられ、「1人」でも食中毒の「疑い」があれば届け出をするようになったようです。これ以上具体的な話は確証がないため差し控えますが、その「誰かしら」とは地域の有力者だったような話を複数の食品衛生分野で経験が深い方々から聞いたことはがあります。

なお、平成29年の広島市の食中毒件数は12件です。「1人」でも報告するある種の文化（？）が衰退しているようにも見受けられます。この広島市の例のように自治体による届け出に対する対応に違いがある（あった）ことからも、食中毒統計が正確に全国の食中毒事件数・患者数を示しているわけではない理由となります。

3.8　食品安全基本法の制定と、それに伴う食品衛生法の大改正

わが国では、2001年のBSE国内発生を契機に国民の食品安全に関する不安感が高まっていました。また各種食品安全問題も重なり、国民の食品安全行政に関する不信感の高まりのなか、EUの食品安全行政を参考にしてリスク分析の手法を取り入れた食品安全基本の制定とそれに伴った食品衛生法の大改正が行われています。その経緯をご紹介します。

3.8.1　BSEとは

牛海綿状脳症（Bovine Spongiform Encephalopathy）の英語の頭文字をとってBSEと言います。この病気は牛の脳の中に空洞ができ、スポンジ（海綿）状になる病気で、家畜伝染病予防法によって指定されている家畜伝染病の一つです。

この病気は、ウイルスとは異なり、**プリオン**と呼ばれる**たんぱく質のみで構成される物質**が原因だとされています。プリオンはproteinaceous infectious particleの略で、「感染性をもつタンパク粒子」という意味です。**プリオン**は正常プリオン蛋白（たんぱく）とは立体構造が異なる**異常プリオン蛋白から構成**されていますが、このうち異常プリオンが原因となります。BSE感染経路は異常プリオン蛋白により構成されたプリオンが飼料（**肉骨粉**）などを介して牛の体内に入ると正常プリオン蛋白が異常プリオン蛋白に変えられると考えられています。肉骨粉とは、食肉処理の過程で得られる肉、皮、骨等の残さから製造される飼料原料です。BSE感染牛の特定危険部位が混入する可能性があります。BSEの治療法は存在していません。

BSE罹患牛においては、脊髄、眼、脳、小腸の末端部分などの部位に異常プリオンが蓄積されることがわかっています。これらは**特定危険部位**（Specific Risk Matter, SRM）と呼ばれています。

1996（平成8）年、ヒトの病気の「変異型クロイツフェルト・ヤコブ病」とBSEとの関連を指摘した英国政府諮問委員会声明によりBSE問題は大きく注目されます。クロイツフェルト・ヤコブ病とは神経難病のひとつで、抑うつ、不安といった精神症状で始まり、進行性認知症、運動失調を呈し、発症から1～2年で全身衰弱・呼吸不全・肺炎等で死亡します。有効な治療方法は今のところ、ありません。孤発性と変異型などが知られており、いずれもプリオンが原因ということまではわかっていますが、孤発性はその異常プリオンが作られるメカニズムはよくわかっていません。いっぽう変異型クロイツフェルト・ヤコブ病はBSEと関連があると考えられています。遺伝が関与する家族性クロイツフェルト・ヤコブ病もあります。また医療を通じての伝播として、クロイツフェルト・ヤコブ病患者由来の観測硬膜（脳膜）移植を受けた人がクロイツフェルト・ヤコブ病になるといった医原性のクロイツフェルト・ヤコブ病の報告もあります。

プリオンが原因の病気をプリオン病といいますが、日本では約77％が孤発性です。発生率は年間100万人に１人とされています。遺伝が関与するプリオン病は約17％です。残りの６％は医原性など、異常プリオンを獲得した獲得性のプリオン病です。

日本にいて、変異型クロイツフェルト・ヤコブ病に感染した（異常プリオンを獲得した）報告例は、これまでありません。ただしイギリス滞在歴のある日本人の患者例は１名います。この日本人はイギリスで感染・発症したと考えられています。

3.8.2　食品安全基本法に至る経緯について

イギリスで起きたBSE問題は、欧州や日本をも巻き込む国際問題となり、わが国では、食品安全基本法制定の引き金となります。

1986年11月にイギリスで初のBSE症例が発見されます。牛の脳が空洞状になる症状が、ヒトの難病のクロイツフェルト・ヤコブ病に似ていることから、ヒトへの感染への懸念があがりはじめていきます。イギリスでは1988年にBSEの原因として動物性飼料の肉骨粉が疑わしいとわかり、肉骨粉の反芻（はんすう）動物への使用を禁止することになります。一方で1993年にイギリスで初の変異型クロイツフェルト・ヤコブ病症例の報告がなされます。それでも、イギリス政府は1996年3月まで、BSEはヒトに感染する可能性はないという立場でした。1996年3月20日、イギリスの保健大臣はBSEの牛からヒトへの感染の可能性について因果関係を否定できないという発言を行うことになります。因果関係を認めるまで時間がかかったことは、イギリスにとって重要な輸出品の牛肉の生産者保護と関連食品業界を守るためだったという指摘もあります。

さて、国際機関からわが国への通達としては、1996年4月、WHOが各国に肉骨粉の使用禁止を勧告しています。しかしこのとき、農水省は肉骨粉の使用禁止について「行政指導」（課長通知）で対応したことに、後に批判が集まります。

アメリカでは肉骨粉を強制力のある法律で規制したのに対して、わが国は行政指導程度で甘い対応だったとする批判です。この背景には消費者軽視・生産者偏重があったという指摘を受けることとなります。

日本政府はわが国ではBSEの発生確率は低いと考えていました。そこで2001年4月に、発生確率は低いとする保証を得ようと、EUにBSE発生可能性の評価を依頼しています。しかし、EUからは、可能性が大きいとの評価案を示されます。すると日本側は評価依頼自体を撤回することにします。このことも後にわかり、国民の不信感を招くことになります。

2001年9月10日、千葉県で日本初のBSE症例（21日確定診断）が報告されることとなります。この牛は、当初は牛の処分について焼却したと発表しましたが、実は肉骨粉にしていた事実も後に判明します。

上述のようなわが国食品安全行政の対応について、国民の食品安全に関する信頼は大きく失われ、不信感が極めて高い状況が生まれていきました。

2001年10月18日、政治的判断として、出荷牛のBSE全頭検査を開始し、すべての年齢の牛の特定危険部位の除去・焼却が決まります。この全頭検査は、国際的には最も厳しい安全対策となりました。2010年以降BSEの発生例はゼロです。肉骨粉の禁止もしており飼料由来で発生する可能性は極めて低いと考えられ、2013年7月になって、事実上、全頭検査は廃止となっています。全頭検査には年間30億円以上の検査費用が許容されていたことも加筆しておきます。

BSE問題は当時、大きな社会問題となっていました。象徴的な出来事は、BSE発生から1年間で、BSE関連により酪農家1名、加工業者3名、公務員1名、合計5人が自殺して亡くなっていることです。一方BSE自体の影響で変異型クロイツフェルト・ヤコブ病による国内での感染者・死亡者はでていない（イギリスで感染したとされる日本人1名は除く）のです。考えさせられる日本の状況です。

3.8.3　BSE問題と、国産牛肉の買取制度の悪用

BSE問題の高まった当時、政府はBSE感染の恐れのある牛肉を流通させない方針をとります。全頭検査が開始される以前に解体された国産牛肉は、消費者の病気に対する不安から市場に出すことができない状況も生まれて

いました。そこで農林水産省は国産牛肉の買取制度を始めます。

そのような折、2002年1月、雪印食品による偽装牛肉事件が起こります。これはオーストラリア産の輸入牛肉を国産の箱に詰め替えたものです。そして農水省の国産牛肉買い取り制度を悪用し、買取助成金を受け取ったのです。このことが明るみに出て、雪印食品は解散となります。(なお親会社の雪印乳業は2000年6月に前述のように大規模食中毒事件を起こして、事業分割されていました)。雪印ブランドは失墜していきます。

この頃に起きた、これらBSE問題や偽装表示問題に加えて、輸入野菜の残留農薬問題、国内での無登録農薬使用発覚などの問題も国内では起こり、リスク分析の概念を取り入れた食品安全基本法制定への流れとなります。

3.8.4　BSE報告書

2001年11月6日、農林水産大臣と厚生労働大臣の私的諮問機関として「BSE問題に関する調査検討委員会」が発足します。委員会により2002年4月「BSE問題調査検討報告書」がまとめられます。

報告書の中で、以下のような問題点が指摘されます。

(問題点)

・危機意識の欠如と危機管理体制の欠落
・生産者優先・消費者保護軽視の行政
・政策決定過程の不透明な行政機構
・農水省と厚労省の連携不足
・専門家の意見を適切に反映しない行政
・情報公開の不徹底と消費者の理解不足
・法律と制度の問題点及び改革の必要性

そして、今後の食品安全行政への提言として

(提言)

①消費者の健康保護を優先する基本原則を確立し、食品の安全確保の

ための包括的な法律を制定する。

②独立性をもつリスク評価のための新しい食品安全の行政機関を設置すること。

を提言しています。

この報告書を受けてのかたちで、①消費者の健康保護を優先し、食品の安全確保のための包括的な法律としての食品安全基本法の制定と、②科学者が科学的にリスク評価を行う、食品安全委員会の設置となるわけです。食品安全委員会の設置は以下の欧州の例がおおいに参考にされます。

3.8.5 BSEと欧州の食品安全政策

BSE問題は欧州でも大きな混乱を招き、食品安全行政への不信感をもたらしていました。イギリスでは1999年に食品基準法を制定し、それに基づいた食品基準庁（Food Standard Agency）を2000年に創設しています。フードシステム全体の食品安全性確保と、科学的なリスク評価とリスク管理を行い、消費者・産業界とのリスクコミュニケーションを行うこととしています。

EUでは、2000年1月に「食品安全白書(White paper on Food Safety)」が発表され、このなかで欧州食品安全機関の設立が提案されています。この提案により2002年9月に欧州食品安全機関（European Food Safety Authority；EFSA）が設置されます。この機関は、政治的にも独立した機関とされ、科学的な立場から各国の政策決定者（リスク管理者）に助言を行うしくみになっています。このEFSAが日本の食品安全委員会のお手本になっています。

また白書では、利害関係者の責任原則の確立にも触れており、その際にリスクアナリシス（リスク分析）の適用とトレーサビリティーの導入の必要性を指摘しています。この白書の理念が食品安全基本法の中で示される「リスク分析」の考え方の参考となります。

3.9 食品表示と食品表示法

3.9.1 食品表示規制のあゆみ

1960年に戦後で一番大きな食品偽装事件となった「ニセ牛缶事件」が起きます。

これは、牛肉ではなく鯨や馬の肉の缶詰を、牛の絵の付いた牛肉大和煮の缶詰として有名会社が販売した事件です。しかし当時の食品を規制する法律では、食品衛生法違反にも詐欺罪にも問われることにはなりませんでした。そこでいわゆる景品表示法（不当景品類及び不当表示法）が制定されることになります。景品表示法は、消費者に商品の品質・特性を誤認させる表示を防ぐための法律です。

1980年代以降、食品表示規制は強化されていきます。1991年の食品衛生法改正では、食品添加物の表示規制など、消費者の選択する権利を背景に、食品表示が食品衛生法でも重視されていきます。

3.9.2 消費者庁と食品表示法

2015（平成27）年に食品表示を一元的に取り扱う食品表示法が施行されます。

食品表示はその目的別に分けると、大きく、「栄養に関する表示」、「品質に関する表示」、「食品を摂取する際の安全性に関する表示」に分けることができます。この3つの表示は、それぞれ、健康増進法、いわゆるJAS法（農林物資の規格化および品質表示の適正化に関する法律）、そして食品衛生法で規定してきました。そして各法律に基づいて、具体的なルールが告示や通達などによって規定されてきました。そのため複雑でわかりにくいものになっていきます。このように表示ルールが複雑化した理由に各法律を異なる役所で管轄していたこともあります。健康増進法と食品衛生法は厚生労働省の所管で、JAS法は農林水産省の所管でした。

日本漢字能力検定協会による「今年の漢字」が毎年発表されていますが、2007年は「偽」が選ばれました。食品業界でも「偽」が大きく問題になった年です。1月はF社（ISO 14000の承認も受けていた大企業）が社内基準を超えたものを偽って販売した事件、6月は豚ひき肉を混入し、牛ひき肉として製造業者に販売したり、冷凍食品の賞味期限を改ざんしたM社、8月には商品の賞味期限を延長したI社、10月は売れ残りの一部を冷凍し、解凍・再包装した日を製造年月日にしたり、原材料の表示が一部記載されていないなどしたA社、そして佐賀県産牛肉を使用して但馬牛と偽ったり、ブロイラーを使用して地鶏と偽って表示したSK社のように食品偽装事件が相次ぎます。また翌年2008年には中国産冷凍ギョウザ事件が起きます。これは食品に現地の工員が農薬を混入させていた事件です。同年、食用ではなく工業用のコメ（事故米；カビが生えたり、保管中水漏れにあったり、基準値以上農薬などが検出され食用では不適なものは事故米として工業用に転用しています）を、食用に不適と知っていながら、食用に転売したM社による事件も起きます。事故米穀の不正規流通問題です。

これらの問題により、食品表示の問題をはじめ、国民生活の安全を脅かす問題に、迅速そして適切に対応できる組織が必要と考えられるようになります。また縦割り行政ではなく、横断的に消費者行政の一元化を行うために、2009（平成21）年9月に内閣府に消費者庁が発足します。そして食品表示に関する行政対応を消費者庁が一元的に担うこととなります。消費者庁という組織が整い、法律の上でも一元化が試みられます。健康増進法、JAS法、そして食品衛生法の食品表示に関する基準を統合し、旧基準を改善させた食品表示法が制定され、2015（平成27）年に食品表示法が施行されたのです。

3.10　平成30年の食品衛生法改正

わが国を取り巻く、国際化や環境変化に対応するため、平成30年の通常国会にて「食品衛生法等の一部を改正する法律」が可決され、平成30年6月13日に公布されました。厚生労働省は翌年からの施行を目指しています。改正内容の概要は表3-3のとおりです。

表3-3　食品衛生法改正内容の概要

1．広域的な食中毒事案への対策強化 2．HACCPに沿った衛生管理の制度化 3．特別の注意を必要とする成分等を含む食品による健康被害情報の収集 4．国際整合的な食品用器具・容器包装の衛生規制の整備 5．営業許可制度の見直し、営業届出制度の創設 6．食品リコール情報の報告制度の創設 7．その他（乳製品・水産食品の衛生証明書の添付等の輸入要件化、 自治体等の食品輸出関係事務に係る規定の創設等）

出典：厚生労働省ホームページ「食品衛生法等の一部を改正する法律の概要」より引用（https://www.mhlw.go.jp/content/11131500/000345946.pdf）2018年11月29日閲覧

改正内容には「HACCPに沿った衛生管理の制度化」があります。2020年の東京オリンピック・パラリンピック開催までに食品衛生管理の国際標準であるHACCPのしくみを国内の全ての食品製造・販売業に導入し、わが国の食品衛生管理の水準の国際標準化をねらっています。食品事業者には大手から小規模まであります。そこで、大手にはHACCPに基づく衛生管理計画の策定を義務づけ、小規模事業者には緩やかな運用を認めることとする方向性となっています。

すでに2014（平成26）年5月に「食品等事業者が実施すべき管理運営基準に関する指針（ガイドライン）」が改正され、従来の基準に加え、新たにHACCPを用いた衛生管理を行う場合の基準を規定しています。

参考図書・資料

（全体を通じて）

・　菅家祐輔，白尾美佳編著：食べ物と健康　食品衛生学，光生館，2013

・　日本食品衛生学会編集：食品安全の事典，朝倉書店，2009

・　山本俊一：日本食品衛生史　昭和後期編　中央法規，1982

・　西田 博：食中毒の原因と対応，建帛社，1991

・　日本冷凍食品検査協会：改訂4版　輸入食品衛生年表（1945-2007），中央法規，2008

（古代史関係）

- 小林正史：モノと技術の古代史　陶芸編．吉川弘文館，2017
- 山崎 健：藤原宮造営期における動物利用―使役と食品を中心として―　文化財論叢Ⅳ　奈良文化財研究所創立60周年記念論文集 345-365，2012

（寄生虫関係）

- 吉田幸雄，有薗直樹：図説　人体寄生虫学　改訂8版，南山堂，2011
- 石 弘之：感染症の世界史，角川文庫，2018
- 藤田紘一郎：入門ビジュアルサイエンス　フシギな寄生虫，1999

（牛乳・乳製品関係）

- 小崎道雄：乳酸菌　健康をまもる発酵食品の秘密，八坂書房，2009
- 下田吉人：日本人の食生活史，光生館，1965
- 斎藤瑠美子，勝田啓子：1988 日本古代における乳製品「蘇」に関する文献的考察，日本家政学会誌，39(4)，349-356
- 東野治之：木簡が語る日本の古代，岩波書店，1983
- 細野明義：我国における牛乳と乳製品普及の系譜、迫りくる国際化で転機に立つわが国酪農～酪農団体職員専門研修会講演録～，中央酪農会議，2010
  http://www.dairy.co.jp/dairydata/jdc_news/kulbvq0000002f5i-att/kulbvq000000domj.pdf（2018年9月14日閲覧）
- 奈良文化財研究所、木簡データベース
  http://jiten.nabunken.go.jp/detailflash/index.php（2018年9月14日閲覧）
- 白崎昭一郎：「蘇」について，日本医史学雑誌，28(3)，352-362，1982
- 日本輸入チーズ普及協会ホームページ
  http://www.jic.gr.jp/（2018年9月14日閲覧）
- 中沢グループホームページ、沿革
  https://www.nakazawa.co.jp/company/history（2018年9月14日閲覧）
- 桑原祥浩，上田成子編著（澤井 淳，高鳥浩介，高橋淳子，大道公秀著）：スタンダード人間栄養学　食品・環境の衛生検査，朝倉書店，2014
- 朝日新聞：水増し牛乳関連記事．1996年3月10日、11日、4月4日、10日、12月5日記事
- 学校給食研究改善協会：学校給食における牛乳・乳製品のちから，すこやか　情報便，第7号，2009

（足尾関係）

- 村上安正：足尾銅山史，随想舎，2006
- 林要喜知，細谷夏美，矢澤洋一編著：生命と環境，三共出版，2011

- 森長英三郎：足尾鉱毒事件 上，日本評論社，1982
- 森長英三郎：足尾鉱毒事件 下，日本評論社，1982
- 小西徳應：足尾銅山温存の構造—第3回鉱毒予防工事命令を中心に—，政経論叢，58，741-798，1989
- 北海道佐呂間町ホームページ．命をかけた移住と開拓 http://www.town.saroma.hokkaido.jp/shoukai/saromanorekisi.html（2018年9月14日閲覧）
- 東京新聞：25面（地域の情報　川横神）記事、だんらん「人権は尊重されてきたか」，2016年6月5日
- 水谷奈美子：足尾銅山がもたらした煙害と現在への課題，環境と貿易に関する報告書，立命館大学，2001
- （旧）足尾歴史館ホームページ http://www18.ocn.ne.jp/~rekisikn/（2007年5月13日閲覧）
- NPO法人足尾歴史館ホームページ http://ashiorekishikan.com/（2018年9月14日閲覧）
- Merchant C: The Death of Nature: Women, Ecology, and the Scientific Revolution, Harper, New York, 1980
- 森岡正博：ディープエコロジーの環境哲学，伊藤俊太郎編，環境倫理と環境教育，朝倉書店，45-69，1996
- Salleh A.K.: Deeper than Deep Ecology: The Eco-Feminist Connection, Environmental Ethics, 6, 339-345, 1984
- Ohmichi K., Seno Y., Takahashi A., Kojima K., Miyamoto H., Ohmichi M, Matsuki, Y. & Machida K. Recent Heavy Metal Concentrations in Watarase Basin around Ashio Mine, Journal of Health Science, 52, 465-468, 2006
- 酒井高太朗：足尾銅山の近代化にともなう風景の成り立ち，千葉大学自然科学研究科修士論文，266，2000
- 大道公秀：私と足尾，人間と環境，33(2)，85-87，2007

（戦後の歴史・最近の動向など）

- 津田敏秀：医学者は公害事件で何をしてきたのか，岩波書店，2004
- 津田敏秀：市民のための疫学入門，緑風出版，2003
- 水俣市：水俣病—その歴史と教訓—2007，水俣市企画課，2007
- 水俣市：水俣病Q＆A，水俣市立水俣病資料館，2007
- 中島貴子：森永ヒ素ミルク中毒事件50年目の課題，社会技術研究論文集，3，91-105，2005
- 山口正仁，水澤英洋：プリオン病診療ガイドライン　2014 http://prion.umin.jp/guideline/guideline_2014.pdf（2018年9月20日閲覧）
- 厚生省環境衛生局監修：食品衛生小六法　昭和55年版，新日本法規出版，1980

- 多田羅浩三，滝澤利之：改訂新版　公衆衛生，放送大学教育振興会，2009
- 多田羅浩三，高鳥毛敏雄：健康科学の史的展開，放送大学教育振興会，2010
- 高鳥毛敏雄：英国における衛生監視制度と、それを支えるプロフェッション，公衆衛生，81(8),678-684，2017
- 嘉田良平：食品の安全性を考える，放送大学教育振興会，2004
- 梶川千賀子：食品安全　問題と法律と制度.農林統計出版，2012
- 梶川千賀子：食品法入門　食の安全とその法体系.農林統計出版，2018
- 日本食品衛生協会：食中毒予防必携第2版，日本食品衛生協会，2007
- 日本公衆衛生協会：感染症予防必携第3版，日本公衆衛生協会，2015
- 日本フードスペシャリスト協会：食品表示―食品表示法に基づく制度とその実際―，建帛社，2016
- 垣田達哉：一冊でわかる食品表示，商業界，2015
- 道野英司：食品衛生法等の一部を改正する法律案について，月刊HACCP2018年8月号，20-27，2018

第4章
微生物由来の食中毒

4.1 食中毒で多いものは？

厚生労働省の発表によると、食中毒のほとんどは微生物に由来するものになります。

平成27年の食中毒発生状況では件数・患者数ともに1位はノロウイルスです。件数では481件、患者数では14,786人です。続いて多いのはカンピロバクターで、318件、患者数2,098人になります。平成28年もその順位は変わりません。1位ノロウイルス354件、11,392人、カンピロバクター339件、3,272人です。

ところが平成29年は少し様子が変わり、事件数1位はカンピロバクター320件、2位がアニサキスとなります。1位常連のノロウイルスは3位です。患者数では1位ノロウイルス8,496人、2位がカンピロバクターの2,315人となっています。ノロウイルス、カンピロバクターは毎年、事件数、患者数も多く、また29年の特徴としてはアニサキスの件数が多かったことになります（表4-1：食中毒発生状況）。

食中毒の件数は、夏場と冬場のどちらが多いでしょう？　夏場と答える方が多いと思います。実際は冬です。これはノロウイルスの影響です。ノロウイルスによる食中毒は冬場に多いからです。

食中毒の原因となる細菌・ウイルスは、このほかに腸炎ビブリオ、サルモネラ、病原大腸菌、ウエルシュ菌、黄色ブドウ球菌、セレウス菌、ボツリヌス菌などがあります。

表4-1　平成29年　食中毒発生状況（病因物質別）

病因物質		総数		
		事件	患者	死者
総数		1,014	16,464	3
細菌		449	6,621	2
	サルモネラ属菌	35	1,183	-
	ぶどう球菌	22	336	-
	ボツリヌス菌	1	1	1
	腸炎ビブリオ	7	97	-
	腸管出血性大腸菌（VT産生）	17	168	1
	その他の病原大腸菌	11	1,046	-
	ウェルシュ菌	27	1,220	-
	セレウス菌	5	38	-
	エルシニア・エンテロコリチカ	1	7	-
	カンピロバクター・ジェジュニ／コリ	320	2,315	-
	ナグビブリオ	-	-	-
	コレラ菌	-	-	-
	赤痢菌	-	-	-
	チフス菌	-	-	-
	パラチフスA菌	-	-	-
	その他の細菌	3	210	-
ウイルス		221	8,555	-
	ノロウイルス	214	8,496	-
	その他のウイルス	7	59	-
寄生虫		242	368	-
	クドア	12	126	-
	サルコシスティス	-	-	-
	アニサキス	230	242	-
	その他の寄生虫	-	-	-
化学物質		9	76	-
自然毒		60	176	1
	植物性自然毒	34	134	1
	動物性自然毒	26	42	-
その他		4	69	-
不明		29	599	-

出典：厚生労働省　食中毒統計より

4.2 腸炎ビブリオ

4.2.1 とにかく増殖が速い腸炎ビブリオ

腸炎ビブリオは増殖スピードのオリンピックがあったらメダルを取れるでしょう。至適条件下（35～37℃）では約10分間に1回のスピードで分裂します。他の食中毒菌の倍以上の速さで増えていく細菌です。この菌は塩分を好みます。海水のように食塩濃度が高い条件だと速く菌は分裂増殖します。**真水には弱い**ので、水道水で洗うだけでも菌数は減少し、効果はあります。熱には弱いので、通常の加熱で死滅します。

腸炎ビブリオは海水・沿岸域に広く分布しています。そのため食中毒の感染源はそれら地域に生息する**魚介類**になります。加熱調理を行っても、その後に菌に汚染された水や菌が付着してしまった器具・容器を介して二次汚染をすることもあるので注意が必要です。

症状は激しい腹痛、水溶性や粘液性の下痢、まれに血便や粘血便もみられます。死亡することはほとんどありません。潜伏期は6～24時間で2～3日で回復します。

季節は6月から9月の夏場に集中しています。1963（昭和38）～1990（平成2）年の間、この菌は食中毒原因菌の筆頭でした。例えば昭和50年の件数は667件です。日本ではお魚を生で食べる習慣があるため、この食中毒が多かったのです。1991（平成3）年からいったん減った時期もありましたが、1994（平成6）年にふたたび増え始め、1998（平成10）年には、過去最多の839件を記録し、患者数が12,318人と1万人を超えたこともありましたが、再び減少傾向となりました。そして平成27年の統計では件数としてわずか3件です。なお、3件の食中毒ですが、患者数としては224人です。直近の平成29年は7件、97名の食中毒の届け出となっています（表4-2）。

腸炎ビブリオ食中毒の予防のポイントは、**魚介類は調理前に水道水でよく洗う**と菌数はずいぶん減ります。また漁獲から消費まで低温管理をします。特に夏期の魚介類の生食は注意が必要です。二次汚染にも気をつけて、調理器具は使い分けるとよいでしょう。

表4-2 腸炎ビブリオ食中毒件数の推移

昭和50年	667
昭和55年	307
昭和60年	519
平成2年	358
平成7年	245
平成8年	292
平成9年	568
平成10年	839
平成11年	667
平成12年	422
平成13年	307
平成14年	229
平成15年	108
平成16年	205
平成17年	113
平成18年	71
平成19年	42
平成20年	17
平成27年	3
平成28年	12
平成29年	7

出典：厚生労働省　食中毒統計

4.2.2 腸炎ビブリオはなぜ減ったのか？

腸炎ビブリオ食中毒が減った理由は、2001（平成13）年に食品衛生法が改正され「腸炎ビブリオの規格基準」が設けられたことが挙げられます。「規格基準」では「保存基準」、「加工基準」、「成分規格」がそれぞれ定められました。

「保存基準」では、魚介類を流通・販売する際に「10℃以下で保存すること」と定めました。さきほど、述べたように腸炎ビブリオは増殖速度がとても速いのですが、25～37℃でもっとも勢いよく増殖します。しかし10℃以下ではほとんど増殖しません。流通過程で腸炎ビブリオの増殖を抑制することで食中毒のリスクが減りました。

「加工基準」では、使用される水について規定されました。かつては、漁港に併設した市場では魚介類の加工用に海水が使われ、海水中に含まれる腸炎ビブリオに二次汚染されました。現在は規制もあって、飲用適の水や殺菌された海水が使われて、加工工程での二次汚染のリスクは減りました。この規制強化により、魚介類の加工工程に海水が使われなくなったことが腸炎ビブリオ食中毒減少の理由としては大きいように私は思っています。

そして「成分規格」です。「生鮮用鮮魚介類やむき身の生食用かき」では、腸炎ビブリオ最確数（確率論的に求まる推定菌数）が製品1ｇあたり100以下としました。また「ゆでだこ」や、「ゆでがに」では、腸炎ビブリオ陰性であることを規定しました。この成分規格を守るためには、流通過程で菌を、「つけない」、「増やさない」を徹底する必要があります。言い換えると、成分規格を守るためにも、保存基準と加工基準を守ることが必要になります。成分規格が守れないときは、保存基準・加工基準が守れていなかった可能性があるといえます。

このように**法的な整備が腸炎ビブリオの減少につながった**のです。

4.3　サルモネラ

4.3.1　サルモネラも減りました

サルモネラ属菌による食中毒は、発熱、下痢、腹痛といった急性胃腸炎症状を起こします。そのほか嘔吐、悪心、頭痛などの症状もみられ、発熱は38～40℃と高熱になることもあります。下痢は水様便で1日に数十回に及ぶこともあります。潜伏期間は平均12～24時間で、発症後1週間程度で回復することが多いです。原因食品は**鶏卵とその加工品、生または加熱不十分の肉類**が中心です。

サルモネラ属菌食中毒も、腸炎ビブリオ同様に過去には多発していた食中毒菌です。1999（平成11）年には825件の食中毒が報告されています。現在は減り、平成27年の食中毒統計では、24件となっています。1990年代以前の食中毒と言えば、さきほども述べました腸炎ビブリオが主な食中毒菌でした。ところが1990年頃より鶏卵とその加工品が原因と思われるサルモネラ属菌食中毒が増え始めました。海外では1985年頃より、イギリス、フランス、北ヨーロッパ諸国とアメリカである種のサルモネラ属菌食中毒が増加し始めています。日本ではその3年後の1989（平成元）年からサルモネラ属菌食中毒が増え始めました。これはイギリスから種雛とともに侵入したある種のサルモネラ属菌による影響と推定されています。平成4年には腸炎ビブリオを抜き、件数1位となったのです。

そこで、卵の生産・流通の現場では、店頭での陳列場所の変更、低温での輸送・保管、養鶏所での配合飼料や飲水などのコントロール、飼育環境の見直しといった対策が講じられます。1999（平成11）年には食品衛生法施行規則の改定によりラベルに賞味期限を表示することが義務付けられました。その翌年の2000（平成12）年以降、件数が減少し、効果があらわれたともいえるでしょう。

表4-3　サルモネラ属菌食中毒件数の推移

昭和50年	73
昭和55年	105
昭和60年	82
平成2年	129
平成7年	179
平成8年	350
平成9年	521
平成10年	757
平成11年	825
平成12年	518
平成13年	361
平成14年	465
平成15年	350
平成16年	225
平成17年	144
平成18年	124
平成19年	126
平成20年	99
平成27年	27
平成28年	31
平成29年	35

出典：厚生労働省　食中毒統計

サルモネラ属菌食中毒の予防のポイントは、卵は新鮮なものを購入し、冷蔵保管し、早めに消費します。割卵後は直ちに調理します。卵の割り置き（液卵）はリスクが高くなります。卵黄の栄養分でサルモネラ属菌が増殖することがあるからです。

4.3.2　卵の賞味期限

一般の食品の賞味期限は、定められた方法により保存した場合、期待される品質が十分に保持される期限です。この期限の決め方は、製造者が理化学試験、微生物試験、官能試験等を行い、安全係数（1未満の係数）を考慮して算出されています。おいしく食べられるかという期間ですので、期限を過ぎると、衛生的にすぐに食べられなくなるという意味ではありません。さて、卵の消費期限は上述の賞味期限の決め方とは考え方が異なります。どのように違うのでしょうか。

卵はおおよそ1万個のうち3個程度の割合で卵白内にサルモネラ菌が存在しているとされます。その菌数は卵1個あたり数～十数個と少量であり、健康な人が仮に食べても健康上問題はないと考えられます。しかし一定期間がたった卵では、卵白と卵黄の境目の卵黄膜の強度が落ちていきます。すると卵黄内の栄養成分が卵白に透過していくのです。そしてその卵黄から卵白に移動した栄養成分を利用して卵白に存在していたサルモネラ属菌は急激な増殖を起こしていきます。

卵黄膜が弱化しサルモネラ属菌が急激に増加する日数（D）は、保存温度（T）とすると次式で算出されます。

$$D = 83.939 - 4.109\,T + 0.048\,T^2$$

です。このDに到達するまではサルモネラ属菌は卵の中で増殖しません。

サルモネラ菌属は10℃以下では増殖しません。家庭の冷蔵庫（10℃以下）で保管される期間を7日間とすると、D＋7が卵を生食できる期間と見込めることができます。仮にT=10℃とすると、D＝50日、D＋7＝57日となります。

生産者はそれぞれの判断でD＋7を超えない範囲で賞味期限を設定しているのです。

4.3.3　鶏サルモネラ症ワクチン

前述のように欧米では、1985年頃よりサルモネラ感染鶏による鶏卵の食中毒が多発したことから、1980年代後半より予防対策として鶏用ワクチンの開発がスタートしました。わが国では1989年に鶏サルモネラ症のワクチンが初めて承認されました。ワクチンは感染を完全に阻止するものではありませんが、鶏の管におけるサルモネラの定着の軽減に効果があり、生産段階による予防対策になり、生産段階でのワクチン接種が広がっています。このワクチンの広がりも食中毒リスク低減に寄与していると思います。

4.4　カンピロバクター食中毒

平成28年4月28日から5月8日に東京都江東区と福岡市中央区で開かれていた「肉フェス」というイベントでカンピロバクター食中毒が起きています。ちょうどこのイベントの様子を放送していたテレビをみていた私は、正直、あぶなっかしいな～と思っていました。炎天下の中、イベントの為に設置した調理場で肉類の調理ですから、しっかり加熱していないと食中毒の危険性を直感的に感じたのです。原因は鶏肉のささみ寿司とたたき寿司の食材の鶏肉の加熱不十分が原因でした。「生に近い」状態の提供が含まれていた推察されます。結果的に東京では49人、福岡では108人の食中毒患者が生まれました。

カンピロバクター食中毒の症状は、下痢、腹痛、発熱、頭痛、悪寒、嘔吐、下痢があります。水様便が中心で、血便、粘血便の症状の場合もあります。発熱は38～39℃です。少ない菌数の摂取でも発症します。潜伏期間は2～5日間と比較的長めです。

カンピロバクターは動物の腸管に常在菌として広く分布しています。中でもニワトリの保菌は高いです。そのため、食中毒の原因食品としては、鶏肉とその関連製品の半生製品や加熱不十分が多いです。

予防のポイントは、熱や乾燥には弱いので、調理器具を熱湯消毒し、乾燥させると良いでしょう。鶏肉の汚染率はとても高いので注意が必要です。

生肉と調理済みは別々に保管し、二次汚染に注意を払います。

4.5　腸管出血性大腸菌

4.5.1　腸管出血性大腸菌O157

O157は、牛などの家畜の腸管内に生息し、その糞便汚染から水や土壌に菌が広がっています。感染経路としては**牛生肉からの感染が多い**ですが、製造・加工・調理での二次汚染や、生活用水を介しての感染、ヒトからヒトへの二次汚染などの感染経路が報告されています。腸管出血性大腸菌はいろいろな種類（血清型）が報告されていますが、日本では患者から分離される主たる血清型としてO157（オー・イチ・ゴ・ナナ）が知られています。私が大学を卒業して最初に就職した食品の受託分析機関である日本冷凍食品検査協会での採用面接試験のなかで、「O157ってどういう意味ですか？」というものがありました。半分正解で半分間違っていたのですが、内定をもらえました。正解は細菌が有する菌体抗原としてO抗原というのがあるのですが、このO抗原の157番目の菌という意味になります。そうだとすると読み方は「オー・ヒャク・ゴジュウ・ナナ」と呼んだ方が良さそうですが、慣習として「オー・イチ・ゴ・ナナ」と呼ばれます。さて面接試験の私の解答ですがO抗原というのは当時知っていたのですが、157番目というのがわからず、適当に答えてしまっていました……。なぜO157に関することを面接で聞かれたとかというと、ちょうどそのときに大阪府堺市の小学校の給食でO157が原因とされる患者数9523人、死亡数3名の大規模な集団食中毒（1996（平成8）年）が発生したことが背景にあると思います。

この食中毒菌は生体内でベロ毒素という毒素を産生します。この毒素により溶血性尿毒症症候群（溶血性貧血・血小板減少・急性腎不全）に代表される重篤な症状が引き起こされることがあります。

大阪府堺市のO157による集団食中毒の19年後に、後遺症により死亡した女性がいます。この女性は当時小学校1年生でした。当時、溶血性尿毒症症候群となり、入院後回復をしていたとされました。しかしその8年後、後遺症とされる腎血管性高血圧と診断を受け、年に数回の通院と薬の服用をしていました。食中毒事件から19年を経て、2015年10月10日就寝しようとしたところ突然嘔吐し、夫が気づき救急車で運ばれましたが、意識不明に至り、翌日10時35分ごろに亡くなられています。堺市によるとO157食中毒と関係があり、治療や経過観察が必要と診断された元児童は、2014年度までに、（死亡した女性を含み）5人です。

食中毒予防では、食品の迅速処理、冷蔵保存、二次汚染防止、そして十分な加熱が対策になります。加熱は、食肉製品では中心温度が75℃1分以上の加熱が必要とされています。

大阪府堺市のO157事件を契機に、集団給食施設での衛生マニュアルとして「大量調理施設衛生管理マニュアル」が作成され、現場ではこのマニュアルに沿って調理がなされています。このなかで衛生検査用に保存される食品（検食）の保管期間は－20℃以下で2週間以上となっています。2週間と少し長い理由として、O157は潜伏期間が長いことが理由にあります。潜伏期間は2～12日間で平均3日とされています。

予防のポイントは、生野菜はよく洗い、食肉は中心部まで十分に加熱（75℃で1分以上）することです。また調理済み食品が二次汚染されように注意します。

焼き肉などは食べる箸と取り箸は区別します。肉の生食は危険です。

4.5.2　ユッケ食中毒をきっかけに、豚の生食がひそかに流行？

2011（平成23）年4月、富山の焼き肉店で提供されたユッケが原因の腸管出血性大腸菌食中毒が発生し、16～70歳の5名が死亡しています。この事件を契機に生食用牛肉の加工・提供方法に関する国の規制は厳しくなりました。平成24年7月からは牛の肝臓（レバー）を生食用として販売・提供することを禁止しています。牛のレバ刺しは、腸管出血性大腸菌の危険性がとても高いからです。すると一部の飲食店では、牛に替わって豚肉や豚レバーを提供する飲食店が現れます。豚肉・豚レバーの生食はE型肝炎ウイルス感染のリスクや、サルモネラ、カンピロバクター食中毒あるいは寄生虫感染のリスクも高いのです。平成27年6月から厚生労働省は豚肉・豚レバーの生食を禁止しています。もし提供したら食品衛生法違反です。平成28年4月神奈川県横須賀市の飲食店で客に豚生レバーを提供したため、経営者は食品衛生法違反で警察に逮捕されています。

4.6　ボツリヌス菌

4.6.1　ハチミツで乳児が死亡

2017（平成29）年3月に離乳食として与えられたハチミツが原因の「**乳児ボツリヌス症**」により生後6ヶ月の男児が死亡しています。記録が残る1986年以降、国内では36例目で、死亡したのは初めての例です。私が授業で使っている教科書には、乳児ボツリヌス症について、一般に致死率は低いと記載していたのですが、事件以後は、死亡することもあると授業で解説しています。ボツリヌス菌は自然界に常在し、芽胞（がほう）（細菌の休眠状態）の状態でハチミツに存在することがあります。**1歳未満の乳児が摂ると、それが腸内で発芽・増殖し、毒素を産生し、発症することがあります**。症状は、便秘、乳飲減弱、弛緩性麻痺、脱力感、嚥下困難、首の座りが悪い、泣き声が弱いなどの症状があることが知られています。わが国では1987（昭和62）年に**1歳未満の乳児にはハチミツを与えないように**当時の厚生省が通達を出しています。乳児にハチミツを与えてはいけないことは母子手帳にも記載がありますし、保健師からの指導もありますが、これまでに死亡例もなかったこともあり、もしかしたら周知徹底に「漏れ」があったのかもしれません。

なお、ハチミツ自体はリスクが高い食品というわけではありません。1歳以上になってくると、1歳未満のときと違って、腸内環境の状態が変化するため、ハチミツを食べても、乳児ボツリヌス症の発症はありません。

4.6.2　ボツリヌス菌による連続的な死亡事例

ボツリヌス菌による食中毒は他の食中毒に比べて致死率が高いです。通常潜伏期間は12～72時間で、特徴的な神経症状が現れる前に、吐き気、嘔吐があることがあります。症状は、脱力感、倦怠感、めまいなどの症状が現れ、視力障害、発声困難、嚥下困難、口渇、かすれ声、下痢に続く重度の便秘腹部膨満、腹痛がみられ、血圧低下、筋麻痺、握力低下、歩行困難となります。進行すれば死亡します。死亡の原因は呼吸失調です。

原因食品は、日本では自家製**「いずし」**による食中毒が歴史的にはこれまで多発していましたが、肉製品、野菜加工品、缶詰、瓶詰、レトルト食品、真空パック食品からも検出されます。

昭和36年11月に秋田県南外村（現在の大仙市南外）の農家の主婦が自家製のさんまの「いずし」を食べ、翌朝、この食中毒により死亡した事件があります。事件はこのままでは終わりません。死因が分からなかったため、遺族5名と弔問客11名が、その原因食品のいずしを食べてしまい、うち12名が死亡してしまう「連続的な死亡事例」がありました。この地方では家の人が死亡するとその家にある魚介類を食べつくすという習慣があり、食べてしまったのです。

この食中毒の致命率は平均約20～25％です。ただし早い時期に抗毒素血清を投与すればかなり救命されるようです。

ボツリヌス菌は嫌気性菌という種類になり、酸素のないところで増殖します。そのため、通常酸素のない、缶詰や瓶詰め、真空包装が原因食材になることもあります。真空パックや缶詰が膨張していたら食べてはいけません。

微生物のなかには、栄養状態や環境状態が悪くなると生命を維持するために、芽胞を形成します。細菌の休眠状態といえます。発育環境が回復すると、芽胞が発芽し増殖を繰り返すことになります。ボツリヌス菌も芽胞をつくります。しぶとい菌とも言えます。

授業中居眠りをする学生を私は「芽胞状態」だと言っています。一部の学生にとって、授業は環境が悪いようです。そのため休眠状態に入ります。しかし授業が終ると、居眠り学生はむくむくと起き出します。まるで休眠から発芽して元気になる芽胞形成菌のようです。

4.7　黄色ブドウ球菌

4.7.1　黄色ブドウ球菌

黄色ブドウ球菌はブドウ球菌属の一種です。顕微鏡で観察すると、特徴的なブドウの房状の集塊が見えることから名づけられました。ブドウ球菌属は黄色ブドウ球菌、表皮ブドウ球菌、腐生ブドウ球菌など30種類以上あります。このうち食中毒に関与するのが黄色ブドウ球菌です。黄色ブドウ球菌の「黄色」は、この菌のコロニーが色素の産生により黄色を帯びていることから名づけられています。

黄色ブドウ球菌は**健常なヒトの鼻腔、咽頭、毛髪にも生息**し、約40％の人が保菌しています。そのためヒトの手指や髪などを介して食品を汚染します。この菌は代表的な化膿菌でもあり、手指に傷口が存在していると、そこに感染し化膿巣（膿汁）を起こします。その部位には黄色ブドウ球菌は大量に存在することとなります。

家禽、家畜類の皮膚や上気道、腸管などの粘膜にもあり、食肉からの二次汚染もあり得ます。乳房炎の動物から搾乳した乳には高率で検出されます。

表皮ブドウ球菌は皮膚に常在し、ほぼ100％の人が持っています。ですから、みんな、ブドウ球菌を何かしらもっているはずです。写真4-1は、私の掌から卵黄加マンニット食塩寒天培地を用い培養し、その後グラム染色を行ったものを100倍のレンズで顕微鏡観察したものです。

4.7.2　黄色ブドウ球菌による食中毒

昭和時代は100件以上あったこの食中毒も、今では100件を超えることはありません。この食中毒菌は一定量増殖すると、毒素であるエンテロトキシンを食品中に産出します。この毒素によって食中毒が起こります。症状は吐き気、嘔吐を主な症状として、悪心、腹痛、下痢が見られます。毒を摂るわけですから、潜伏期間は短く、30分～6時間（平均3時間）で発症します。エンテロトキシンは耐熱性が高く、100℃で30分間の加熱でも完全に失活しません。そのため加熱後食品でも食中毒が起こります。

予防のポイントは、まずは手指の洗浄、消毒です。手指にケガがある人

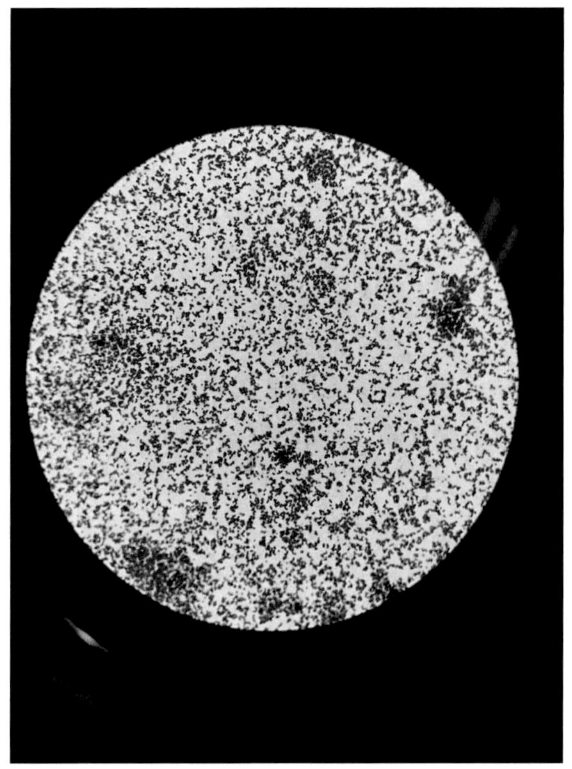

写真4-1　私の掌から培養したブドウ球菌の顕微鏡観察写真
（撮影：大道公秀）

は、食品に直接手で触れて調理するのは危険です。調理から食べるまでの時間も短めにします。低温で保存するなど、菌の増殖を抑えます。**菌のつくる毒素であるエンテロトキシンは熱に強く、通常の加熱では失活しません**。したがって菌数が増え、毒素が産生されてしまってからでは、加熱しても食中毒の被害を受けます。

4.7.3　雪印乳業大阪工場食中毒事件

2000（平成12）年6月27日に「低脂肪乳」を飲んだ大阪市内家族の嘔吐、下痢の食中毒症状（1例目）が、病院から大阪市保健所に届けられます。7月2日になって、低脂肪乳からエンテロトキシンが検出され、これが病因物質である食中毒として、製造工場だった大阪工場は営業禁止になります。その後、大阪府警の調査（8月18日）で、大阪工場で使用された低脂肪乳の原料の脱脂粉乳から、北海道の大樹工場で製造された脱脂粉乳からエンテロトキシンが検出されます。事件から原因物質の特定まで52日間もかかったことになります。

大樹工場では、3月31日に脱脂粉乳製造中、停電が起こっていました。工場での作業再開まで4時間以上冷却されずに放置され、その間に黄色ブドウ球菌が増殖し、毒素エンテロトキシンを産生し、製造（4月1日）したと考えられています。エンテロトキシンは加熱殺菌しても失活しないで残っていることを現場は認識していなかったのです。大阪工場で製造された低脂肪乳の原料のうち、この停電の影響を受けた4月1日と10日に製造された脱脂粉乳が食中毒の原因となりました。なぜ4月10日の製造品からも影響を受けたのかには訳があります。当時、雪印では何らかの理由で製造後出荷されずに残った製品を再利用する場合がありました。のちの調査で、4月1日に製造された脱脂粉乳から社内衛生管理基準を超えた一般細菌数が検出されたにもかかわらず、この脱脂粉乳を4月10日製造の脱脂粉乳の原料として再利用されています。加熱殺菌すれば良いと考えたのだと思います。しかし**エンテロトキシンは加熱殺菌しても失活しない**のです。

この食中毒事件の認定患者数は14,780人で過去最大規模の食中毒事件となっています。また、この事件をきっかけに雪印乳業の信用は失墜していき、企業の再編を招きます。

雪印乳業大阪工場は、HACCPのしくみを取り入れているとして厚生省より総合衛生管理製造過程の認証を受けていました。雪印乳業食中毒事件の報告書では食中毒事件はHACCPシステムの問題ではなく、前提となる作業環境と原材料が問題とはしています。事件をきっかけに総合衛生管理製造過程承認制度は見直しが行われ、承認の更新制度（承認の有効期限3年）の導入と、それまで免除された食品衛生管理者の設置の義務化となります。事件・事故が起こるとこのように法律もその都度、見直されていきます。

4.7.4 手指にケガのある素手でオムレツを作り、食中毒

手指にケガのある素手でオムレツを作りハムをのせた機内食による黄色ブドウ球菌食中毒があります。昭和49年の事件です。JAL「ヨーロッパさわやかツアー」の団体一行が、アンカレッジ—コペンハーゲン間での機内食を食べた後、短時間（30分から5時間）のうちに嘔吐、下痢、腹痛、吐き気などの症状を呈しました。原因は調理人手指由来の黄色ぶどう球菌で、原因食品はオムレツ・ハムになります。調理人は手指にケガをしていました。しかし手袋を着用しないで、素手作業でオムレツを作り、ハムを一枚ずつ温かいオムレツに乗せたのです。長時間、不適切に保管され、黄色ブドウ球菌の増殖と毒素産生とつながったのです。楽しいはずの海外旅行が、旅行者にとって残念な思い出になってしまいました。

4.8 ウエルシュ菌

4.8.1 給食施設や大量調理施設で多いウエルシュ菌

ウエルシュ菌は大量調理施設でよく発生する食中毒事件の原因菌です。「**給食病菌**」という異名もあったくらいです。そのため、事件数としては年間30件程度ですが、1事件あたりの患者数が多いため、大規模な集団事例となって報告されることになります。ウエルシュ菌は加熱等、**一般に微生物にとって不適当な環境になっても芽胞という休眠状態として生き残り、温度や酸素濃度（分圧）といった状態が整い、環境がよくなると芽胞が発芽し、細胞が増殖していきます**。そのためウエルシュ菌食中毒は加熱済みであっても絶対安心ということがいえません。

ウエルシュ菌は嫌気性菌という分類になり、酸素があると増殖できない菌で、酸欠状態の方が都合の良い菌になります。大量調理施設では、大きな釜で大量に調理すると、釜の中が酸欠状態になり、食品の温度が発育可能温度域に下がると、芽胞が発芽し急激に増加します。

ところで加熱調理をすると嫌気性菌にとってありがたいこととして、食材内に溶存している酸素（空気）が追い出されていくことがあります。加

熱により嫌気的になります。逆に温められた調理品が、冷やされている時には、まずは表面から酸素（空気）が浸透していきます。大量調理施設で用いるような大型の深鍋では、鍋の底までなかなか酸素は浸透しません。またカレーやシチューなどの煮込み料理では、鍋の中は、どろどろしていて濃厚で粘性が高いと思いますが、その場合はさらに酸素（空気）は浸透できなくなり嫌気的となります。

加熱調理をすると多くの細菌は死滅します。しかし、説明のとおり、ウエルシュ菌は加熱中には芽胞を作り、温度が下がると、発芽し、増殖をはじめます。このとき食品中には、栄養分を競合する細菌はすでに死滅しているものが多く、その栄養をおおいに利用できます。

ウエルシュ菌食中毒は嫌気的な条件になりやすい大鍋で調理した時にリスクが高くなります。大釜は集団給食施設で利用することも多く、実際に集団給食施設でのウエルシュ菌食中毒もこれまで多かったことから「給食病菌」という別名が付けられたわけです。

原因食品は濃厚で粘性の高い料理である煮込み料理には注意が必要です。またこれまで肉を使った煮込み料理により食中毒も多発しています。動物の筋肉中にあるグルタチオンには抗酸化作用があり、この作用により肉は嫌気的になりがちです。ですから、肉を使った煮込み料理を大鍋で調理する時は注意が必要になります。

ウエルシュ菌は水、土壌、ヒトや動物の腸管内など自然界に常在しています。しかし、そのほとんどは食中毒の原因にはなりません。一部のウエルシュ菌には毒素を産みだす菌があり、その菌が食中毒の原因になります。

食品では食肉の汚染率はもともと高いです。結果的に食中毒の原因食品は、肉類を使用したこれら煮物が多いです。

症状としては、主なものとして、下痢、腹部膨満があります。潜伏期は6～18時間（平均10時間）で、1～2日で回復します。

予防のポイントは、大きな釜での前日調理を避け、加熱調理したものは早く食べます。**大量の食品を加熱調理した時は、室温で放置せず、保管する時は小分けにし、すばやく冷却すると良いです。**

私の家でも、前の晩に調理したカレーを食べることがあります。何日もつのか試したわけではないのですが、やや暖かいある春の日に、鍋に入れたまま室温に置きっぱなしのカレーを、大丈夫かな～と翌々日も食べたことがあります。ウエルシュ菌なのか関係ないのかわかりませんが、下痢をしました。

作ったカレーは小分けにして、(保存に一番いいのは冷凍ですが) 冷蔵庫にしまって、できるだけ早くに食べた方が良いでしょう。

4.9　セレウス菌

4.9.1　細川たかしコンサートで食中毒!?　セレウス菌中毒

1987 (昭和62) 年9月新宿K劇場で演歌歌手細川たかしのショーを貸し切りで行っていました。細川たかしと言っても、今の大学生はみんな知りません。私が小学生の時、「矢切の渡し」や「浪花節だよ人生は」が流行し、私もよく歌っていたことを覚えています。さて、細川たかしショーの観客で、幕の内弁当を摂食した1,666人中318人が数時間程度で嘔吐 (46%)、吐き気 (40%)、下痢 (30%)、腹痛 (28%) の食中毒を発症したのです (発症率19%)。のちにセレウス菌の嘔吐型食中毒と判定されています。原因食品は、米飯とされ、細菌検査でも米飯のみからセレウス菌が検出されています。

この日、受注の弁当が通常より多く、普段使用していない古い木製のおひつを倉庫から取り出して使用したようです。その際の殺菌が不十分で、容器の内側に付着していたセレウス菌またはその芽胞 (**セレウス菌もウエルシュ菌同様に芽胞を作ります**) が温かい米飯に付着し、増殖したと推測されました。

セレウス菌は疎水性細菌で器具などの付着しやすい性質もあります。このケースも器具から食品に移行したケースです。セレウス菌は主に嘔吐を起こす嘔吐型と下痢を起こす下痢型に分けられます。日本の食中毒の多くは嘔吐型です。嘔吐型の原因食品は米飯やスパゲティーなどデンプン系のものが多いことが知られています。そこで、デンプンを加えた培地に嘔吐型のセレウス菌を培養しようとした実験がありますが、嘔吐を起こす毒素が産生されなかったようです。デンプンが毒素産生を促進するというわけでもないようです。

4.10　細菌性食中毒予防の原則

食中毒の多くが、ここまでご紹介した細菌によるものです。これら細菌による予防は、**細菌を「つけない」、「ふやさない」、「やっつける」**の3原則です。実際の取り扱いとしては、**「清潔」、「迅速」、「温度管理（冷却または加熱）」**になります。厚生労働省では消費者向けに「家庭でできる食中毒6つのポイント」を公開しています。

その内容をまとめますと、次のとおりです。

●家庭でできる食中毒予防の６つのポイント

①食品の購入

・新鮮な物の購入、消費期限などの表示をチェック

・肉・魚はそれぞれ分けて包む

・冷蔵・冷凍の必要な食品は寄り道しないでまっすぐ持ち帰る

②家庭での保存

・冷蔵・冷凍の必要な食品はすぐに冷蔵・冷凍庫に入れる

・冷蔵・冷凍庫の詰めすぎに注意、入れるのは7割程度

・冷蔵庫は10℃以下、冷凍庫は－15℃以下に維持

・肉や魚は汁がもれないように包んで保存

・肉、魚、卵などの取り扱い前後の手指の洗浄

③下準備

・ゴミは捨ててあるか、タオルやふきんは清潔なものの交換しているか、台所の整理整頓（清潔に）

・井戸水を使っていたら水質に注意

・こまめな手洗い

・生肉・魚は生で食べるものから離す

・生肉・魚を切ったら洗って熱湯をかけておく
・野菜は流水でよく洗浄
・包丁などの器具、ふきんは洗って消毒
・冷凍食品の解凍は冷蔵庫か電子レンジ

④調理
・台所の整理整頓（清潔に）
・作業前の手洗い
・調理を途中でやめたら食品は冷蔵庫に保管
・十分な加熱（めやすは中心部分の温度が75℃で1分間以上）
・電子レンジを使うときは均一に加熱されるようにする

⑤食事
・食事前の手洗い、清潔な器具・食器を使った盛り付け
・食品を長時間室温に放置しない

⑥残った食品
・作業前に手を洗い、手洗い後に清潔な器具、容器で保存
・早く冷えるように小分けにする
・時間が経ち過ぎたり、ちょっとでも怪しいと思ったら、思い切って捨てる
・温めなおすときは十分に加熱（めやすは75℃以上）

ただし、このことをご家庭でお話すると、けんかになったり、ご家庭の雰囲気が悪くなる場合があるのでご注意ください。

4.11　ノロウイルス

4.11.1　ノロウイルスに呪（ノロ）われないための基礎知識

ノロウイルスによる食中毒は、ここまで紹介した細菌性食中毒と少し異なります。まず生物学的には細菌かウイルスの違いがあります。ウイルスは特定の生きた細胞の中でしか増えません。ヒトのノロウイルスは腸管上

皮細胞で増殖しますが、食品では増殖しません。つまり、細菌性食中毒予防3原則のうちの一つ「ふやさない」があてはまらないのです。**ノロウイルスによる食中毒予防は、「持ち込まない」、「拡げない」、「加熱する」、「つけない」**になります。ノロウイルスにノロわれない？ために、ノロウイルスについて少しご紹介します。

ノロウイルスの食中毒事件数は2004年以降1位か2位で、患者数では10年間トップです。統計上食中毒患者数の約半数がノロウイルスです。平成29年では、全食中毒患者総数16,464人中、52％の8,496人がノロウイルスです。したがって理論的にはノロウイルスをコントロールできれば、食中毒患者数は半減するともいえます。なお、ノロウイルスは食中毒だけではなく、食品を媒介しない感染症としての側面もあります。ノロウイルスの感染者数は正確には把握されていませんが、小児のノロウイルスによる感染性胃腸炎患者数は年間135万人程度と推定されています。ノロウイルスは感染しても発症しないこともありますし、小児に限らず大人も感染します。したがって、ノロウイルスの感染者数は年間数百万人程度と推定されます。

食中毒の場合は、ノロウイルスに感染した食品を食べることで感染しますが、原因食品としては、かつては**牡蠣など二枚貝が大半を占めていましたが、現在ではあらゆる食品が原因**になっています。調理中に調理をしている人の手指を介して食品がノロウイルスに汚染されることもあります。食品以外の感染経路には、ウイルスを含むふん便や嘔吐物あるいはウイルスが付着しているドアノブを触って、手指にウイルスが移行し、その手指を介して口に入る場合があります。この場合を接触感染と呼びます。また、ウイルスを含む嘔吐物が飛び散ってその飛沫が口に入る飛沫感染や、嘔吐物が乾燥しチリやホコリとなって空気中を漂うこととなって、それらが口に入ってしまう塵埃（じんあい）感染があります。

潜伏期間は12～48時間になります。症状は下痢、嘔吐、吐き気、腹痛があります。子供ほど嘔吐しやすく、大人は下痢の症状が多いようです。嘔吐は、トイレでしようと思っても、我慢できないほどの吐き気で、トイレに行く途中で嘔吐することもあるようです。感染者は糞便1gあたり1億個以上のウイルスを排出し、嘔吐物では100万以上のウイルスが存在します。ノロウイルスの感染は10～100個程度のウイルスで感染してしまいますので、糞便や嘔吐物は感染リスクが高いです。また不顕性感染といって、感染しているのに発症しない人も30％程度いると考えられています。不顕性感染の人もウイルスを持っているので、誰かを感染させてしまうことがあります。

ノロウイルスはさきほども説明しましたように、**細菌ではなくウイルス**です。一般にウイルスは細菌よりも大きさが小さく、ノロウイルスも細菌に比べ小さいです。大きさは直径約35～40 nm（ナノメーター）になります。1 nmは1 mmの100万分の1ですから、**とても小さい**のです。

仮に手の皺(しわ)の深さ1 mm、ノロウイルスの大きさを40 nmだとすると、ノロウイルスは25,000並ぶことができる計算になります（1,000,000÷40）。

ヒトの手指は個人差があります、総じて加齢とともに皺が増え、その皺の深さが深くなるため、念入りに手指を洗浄・消毒しても既に付着している場合には落ちにくいと言われています。ノロウイルスは小さいので手洗いで落ちにくいのです。

また**小さいので浮遊もしやすい**です。嘔吐物が乾燥すると、塵や埃とともに舞い上がってしまい、長期間浮遊してしまいます。

私の教え子にノロウイルスに感染したことがある学生がいました。その学生は、東京「新宿」に住んでいました。新宿は多くの日本人が知っているとても賑やかな街です。その学生の自宅前界隈には、人の往来が多いということもあり、ときどき嘔吐物を路上に見かけるそうです。ノロウイルスは粉塵とともに空気中に舞い上がり、それが口から入ることにより感染したと推定される事例がいくつか見られますと、授業で話したところ、その学生は自分がノロウイルスになった原因はきっと、自宅近くの嘔吐物のせいだとは思うと話していました。原因は定かではありません。ただ、嘔吐物には注意が必要であることは間違いありません。

アルコール消毒は、あまり効果がありません。塩素消毒は効果があります。予防は、**食品の加熱処理と、手指をしっかり洗って**、ウイルスを取り除くことになります。

4.11.2　ある種のノロウイルスによる集団食中毒と血液型の関係

北海道厚岸町の小中学校の児童、生徒と教職員の661名がノロウイルス食中毒を起こしました（平成15年1月）。このときの発症率が血液型のより違いがあったという報告があります。A型が71.1％（187名中133名）である一方で、AB型 55.3％（47名中26名）でした。また、児童と生徒の家庭における二次感染発生率を調べたところ、A型 41.4％（133家庭中55家庭）に対してAB型 19.2％（26家庭中5家庭）だったのです。ノロウイルスはいろいろな型があり、すべての型にあてはまるわけではありませんが、少なくともこの場合ではA型は発症しやすく、AB型は発症しにくくかったようです。

血液型とは、赤血球表面にある糖鎖（糖が鎖状に連なったもの）の末端のわずかな違いで分類されます。腸管粘膜上皮細胞にも糖鎖（組織血液型抗原）が存在しており、そこに病原体が結合することで感染がはじまると考えられます。すなわち病原体は細胞表面の糖鎖を「足場」に利用します。病原体によって結合しやすい好みの糖鎖（血液型）があるのならば、血液型によって感染しやすさが変わります。

ノロウイルス以外でもコレラでも血液型の違いで感染しやすさが違うようです。O型の血液型の人は、他の血液型の人に比較して、ある種のコレラ菌によって、重症になりやすいことが知られています。実際にコレラの流行地として知られるガンジスのデルタ地帯の住民は、O型の血液型の人の割合が少ないとされています。世界の国々をみると、各血液型の割合が違っています。これは感染症の罹患の歴史と関係があるのかもしれません。

さて、血液型と性格を関連付けて話したがるのは日本人だけだそうです。科学では、血液型と性格はまったく関係はないとされます。しかし、血液型と病気のなりやすさが関係するのならば、性格にも関係してくるのかもしれません。ある種の病気になりやすい血液型の人あるいは集団は、自分があるいは周りが次々に病気になっていけば悲観的になるでしょうし、逆にある種の病気になりにくい血液型の人あるいは集団は、自分があるいは周りが、他の血液型の人や集団と比べて、病気になりにくいのならば、楽観的になっていくかもしれません。そう考えていくと血液型と性格は関係していくのかもしれません。

人類は感染症との闘いの長い歴史の過程で、多様な血液型をもつようになり、細菌やウイルスからの感染から身を守るようになったのではないかとも言われています。多様な性格も多様な血液型と関係があるのかもしれませんね。

4.12　（微生物由来の）食中毒になりやすい人とそうでない人

同じものを食べても具合が悪くなる人とならない人がいます。これは**食べた人の健康状態と食中毒菌やウイルスを取り込んだ量と関係**しています。また体調の状態により免疫力が低下している時や、免疫力が脆弱な、小さなお子さん・お年寄りは食中毒になりやすいといえますので注意が必要です。

「**食中毒になりやすい人**」とは具体的にどのような人でしょうか。

まず、**免疫力が低下している人**です。免疫力が低下する要因として、ストレスや過労、睡眠不足があります。仕事のしすぎでストレスも多い方は食中毒になりやすいかもしれません。高齢者や乳幼児・子供も免疫力が低いグループと考えられます。逆に免疫力が高い人は、食中毒になりにくいともいえます。免疫力を高めるためにも、適度な運動と、規則正しい適切な食生活は重要です。

次に、**腸内細菌のバランスが崩れている人**も食中毒になりやすいです。ストレスは腸内細菌バランスの崩れを促すので、やはりストレスはよくありません。健全な腸内細菌バランスの維持のためには、健全な食生活が必要で、かつそれは免疫力の維持とも関係しています。というのも、腸には免疫を司る細胞が多数存在していることが知られていて、免疫力と腸の状態が関係しているからです。腸の状態を良好に整えておくため、動物性脂肪を控え、食物繊維を多く摂り、ヨーグルトなど発酵食品を摂るのも良いと思います。

また、**手洗いをあまりしない人**も、リスクが高そうです。しかし、肌が荒れるほどに過度に洗うと、かえって荒れた肌の凹凸の中に、食中毒の原因となるような菌やウイルスが入り込んでしまい、食中毒リスクが上がります。適切な手洗いと健康な手肌を保つことも食中毒予防の一つといえると思います。なお、手洗いはやりすぎない方が、適度の細菌を取り入れることができて、逆に免疫力が上がってよいという意見もあります。

このほか過度に胃酸が少ない人も理論的には食中毒菌やウイルスを不活性化しにくいので食中毒になりやすいといえるでしょう。

また、先ほどのノロウイルスの例のように、興味深いことに、血液型と関係があるかもしれないという可能性もあります。

食中毒になるかならないかは、取り込んでしまった食中毒菌やウイルスの量にも関係しますし、このほかにも、いろいろな要因が関係している場合があると思います。しかし、日頃から、正しい生活習慣で、適度な運動をし、適切な食生活を過ごしていれば、食中毒になりにくくはなりそうです。個人で取り組める健康管理も食中毒対策の一つです。

4.13　食中毒になってしまったら

嘔吐、腹痛、下痢といった症状があった場合、細菌、ウイルスといった微生物に由来する食中毒に感染した可能性があります。その場合、**医療機関での受診**をお薦めします。家庭内や周辺で被害を拡大させないためにも、二次感染の防止について注意された方が良いとも思います。

家庭でできる処置ですが、嘔吐・下痢の症状があるときは、水分をしっかりとって脱水症状に注意された方が良いと思います。あまり胃腸を刺激しない方が良いと思いますので、例えば、ぬるいお湯を飲まれると良いと思います。

嘔吐の症状があるときは、仰向けで嘔吐してしまうと、吐いたものが気管に入ってしまい窒息する可能性があります。吐き気があるときは横向きに寝かせ、顔は横向きにします。

腹痛があるときは、楽な姿勢をとります。例えば、仰向けで膝を立てるとお腹周りの筋肉が緩むので、痛みを和らぐこともあるようです。腹痛が激しい時は食事を避けた方が良いと思います。腹痛が治まってきたら、消化しやすいものを食べるようにされると良いと思います。

4.14 「3秒ルール」

以前、勤めていた職場で、お菓子を、テーブルを囲んで同僚といただいてときのことです。うっかり私はお菓子を床に落としてしまいました。「しまった。もう食べられないな」とつぶやいたとき、後輩が「大道さん！ 3秒ルールですよ！」というのです。床の落ちたものでも3秒以内に食べたら大丈夫というのが3秒ルールと呼ばれるもので、みなさんも、しばしば会話の中で出てくるワードではないでしょうか。

3秒ルールのようなものは、海外では北米・オセアニア・英国・スカンジナビアの地域でもあるようです。ただし海外では「5秒ルール」だったり「10秒ルール」と呼ばれています。要は落ちたものでもすぐに食べれば大丈夫という考えで共通しています。この落ちたものをすぐに食べたならば大丈夫なのかを研究した報告が3例あります。

米国の高校生ジリアン・クラーク（2003年）は大腸菌を床に塗り、5秒間床に置いた後、床から大腸菌が食品に移行することを報告しています。クレムゾン大学のポール・ドーソン（2007年）は異なる床（セラミックタイル・木材・カーペット）にネズミチフス菌をまいていき、そこに異なる食品（ボローニャソーセージとパン）を床に置き、その関係性を研究しています。その結果、どのような材質の床でも感染力を維持し、どのような時間でも同様に菌は食品に移行するため、床に置かれている時間が短いから安全であるとはいえないということを報告しています。なお床の材質はカーペットが移行しにくく、食品ではボローニャソーセージよりパンが移行しにくいような結果にもなっています。

一方、英国のアストン大学のアンソニー・ヒルトン（2014年）は、各種の床に大腸菌をまいて、トーストとパンを床に3～30秒置き、菌が移行するか調べたところ、カーペットに5秒間置いたとき、ほとんど菌は移行しないデータを報告しています。3秒ルールを肯定する結果です。

もしかすると、これは床と食品の接触面の表面積が関係していそうにも思えます。また落ちた場所も関係するでしょう。いずれにせよ、重要なことは、**菌がまったく移行しないということはない**ということです。

さて、私たちが日常生活で、家族・友人・同僚などと3秒ルールを話しているとき、知らぬ間にリスク分析をしていることになります。落ちたものを拾って食べた時の健康被害のリスクについて、それは許容できるリスクなのか考えているわけです。朝の通勤時間帯に駅に向かって急いで歩いていることを考えてみて下さい。たまたまひっかかった赤信号で、私たちは、左右から車が来なさそうでしたら、しばしば赤信号を無視し、横断してしまうことはないでしょうか？　赤信号を渡ることはリスクがあります。しかしそのとき、知らぬ間にリスク分析を行い、そのリスクは許容できるリスクと考えた時、赤信号を渡るのだと思います。3秒ルールで食べてしまうのと、赤信号を無視し渡ってしまうことはどこか似ているように思います。もし、とても急いでいて、とっさのリスク分析の結果、大丈夫と判断しその交差点の横断歩道を渡ったとき、左右から車が来てしまえば、大けがか、場合によっては死んでしまいます。3秒ルールによる喫食も、時と場合によっては健康被害に遭遇してしまいます。

ところで3秒ルールはいったいだれが、言い始めたのでしょうか？　その起源をたどるとチンギス=ハン（モンゴル帝国皇帝、在位1206～1227）による「12時間ルール」という説もあります。3秒ではなく12時間ですが、床に落ちたものでも12時間以内に食べれば大丈夫だと言っていたというのです。12時間という時間は、もしかして意味があるのでしょうか。食品衛生学的に気になります。

4.15　寄生虫症からみる衛生状況

戦後直後、わが国では衛生環境の低下により寄生虫症も蔓延していました。1949（昭和24）年の寄生虫卵陽性者率は73%、回虫卵陽性者率は62.9％に及んでいます。**少なくとも国民４人のうち３人は何らかの寄生虫を持っていたようです**。その後、衛生環境の改善により、昭和47年以降は回虫卵陽性者率１％以下となり、現在に至っています。寄生虫による食中毒もあります。平成29年の寄生虫食中毒例は242件です。アニサキスが一番多く、230件あります。推計では少なくとも2,000件以上はあるともいわれています。33万人規模のレセプトデータ（医療機関が健康保険組合等に提出する診療報酬明細書）を用いた試算では、2005年から2011年のアニサキス症例件数の年平均は7,147件と推定されています。アニサキスは日本ではとても多い寄生虫症になります。

さて、前の章でも触れましたが、イスラム教では豚を食べることがタブーとされているのは寄生虫と関係があるとも言われています。かつてイスラム教の布教地域では、有鉤条虫症という豚に寄生する寄生虫症が流行していたそうです。この予防からイスラム教では豚肉を禁止にしたという説があります。寄生虫は食文化あるいは宗教にも影響を与えたという側面もあるようです。

4.15.1　アニサキス　～アニサキス症による食中毒は４種類

成虫は終宿主であるクジラやイルカなど海産哺乳類に寄生しています（写真4-2）。糞便と共に虫卵が海中に放出されオキアミなどの甲殻類を第1中間宿主とした後、第2中間宿主の魚やイカに摂食され体長6～33 mm、太さ1 mm程度の幼虫になります。寄生している主な魚介類は、サバ、サケ、ニシン、スルメイカ、サンマ、ホッケ、タラなどで、これらを生で食べた時に感染することになります。

わが国では、刺身や寿司など海産魚介類を生食する食文化があるため、アニサキスによる食中毒は諸外国に比べ圧倒的に多いです。臨床症状としては胃アニサキス症、腸アニサキス症、消化管外アニサキス症、アニサキスアレルギーが知られています。このうち胃アニサキス症は全体の90％以上と言われています。

胃アニサキス症は魚介類の生食後数時間してから、みぞおちの激しい痛み、悪心、嘔吐を生じます（特に劇症型胃アニサキス症あるいは急性胃アニサキス症と呼びます)。これらはアニサキスが胃壁に刺入することで生じます。一方で、胃壁が刺されているのに軽症か自覚症状のない人がいます(緩和型胃アニサキス症)。このような人は、健康診断の内視鏡検査のときに胃粘膜に穿入している虫体が発見されることもあります。この違いは、過去に感染歴があるかの違いだとする説があります。過去に感染歴のある人は再感染で強い即時型過敏反応を起こすのに対して、初感染の人は異物反応にとどまり軽症になると考えられています。

腸アニサキス症は、虫体が腸壁に穿入しているもので、腹痛、悪心、嘔吐があります。消化管外アニサキス症は、まれに虫体が消化管を穿通し、腹腔内に出て、大網、腸間膜、腹腔皮下といった部位に移行し、肉芽腫を形成することがあります。寄生する部位に応じて症状が現れます。

また近年着目されている症状に、アニサキスアレルギーがあります。サバを食べて蕁麻疹になった人のアレルゲン調査をした結果、サバではなく、サバに寄生するアニサキスが原因だったことがあるのです。魚介類の生食後、魚介類中に存在したアニサキスが原因となって、蕁麻疹（じんましん）のような症状がでることが最近、分かってきました。症状は蕁麻疹だけでなく、血圧降下や呼吸不全、意識消失といったショック症状（アナフィラキシー症状）が現れることもあります。

4.15.2　アニサキス症による食中毒が増えている

アニサキスによる食中毒の最も多い症状は魚介類生食後2～8時間で激しい腹痛、悪心、吐き気の症状です。患者は病院に行き、病因が明らかになり医師が届け出た場合に食中毒統計上の食中毒件数としてカウントされます。このアニサキスによる食中毒件数は最近増えています。平成19年から平成29年までの件数をみると、6、14、16、24、32、65、88、79、127、124、230と増加してきています（図4-1)。

この理由は何でしょうか。いくつか考えてみました。

①アニサキスが寄生するクジラやイルカの数が、海洋で増えてしまい、結果として魚介類中にアニサキスが存在する割合が増えたのでしょ

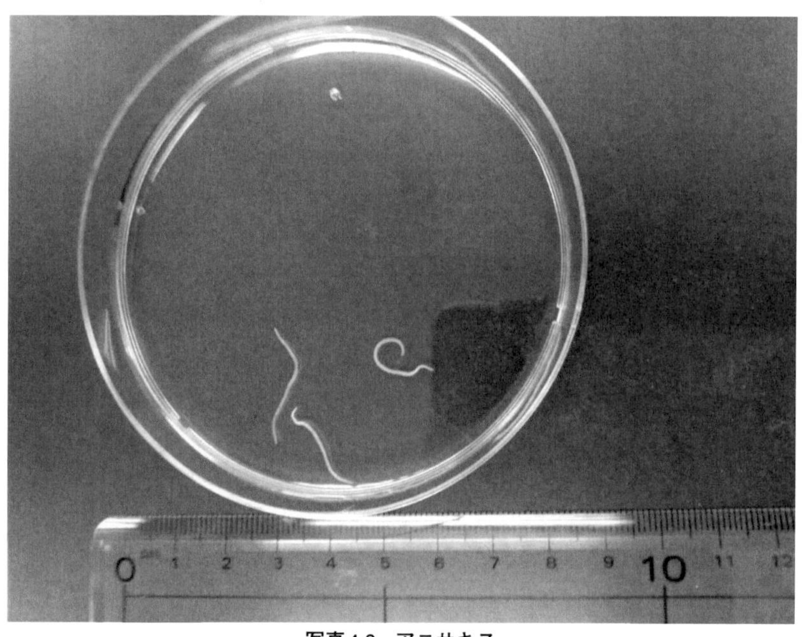

写真4-2 アニサキス
(ある病院で患者から摘出されたアニサキスを著者が譲り受け、著者が撮影した)

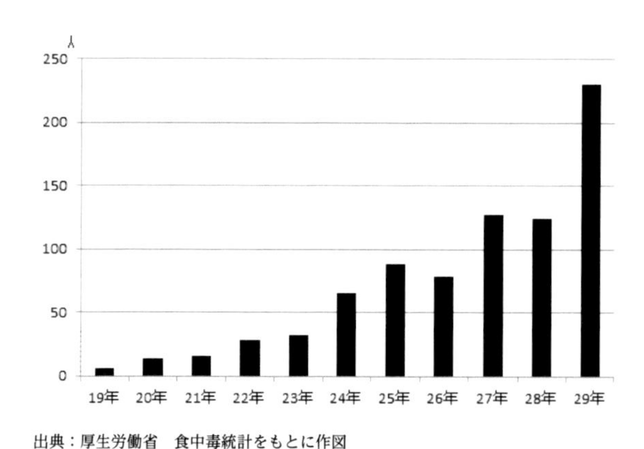

出典：厚生労働省　食中毒統計をもとに作図

図4-1 アニサキス食中毒事件数の推移（平成19年〜29年）

うか？　リスクが増えているのでしょうか？
②魚介類に対する衛生管理が悪くなったのでしょうか？

③冷凍でなく生で流通することが増えているのでしょうか？　より新鮮なうちに食べたいとの志向から、一定時間冷凍すればアニサキスは死にますが、冷凍していない食材が増えたためでしょうか。(アニサキスは－20℃で24時間以上の冷凍で予防できると厚生労働省では考えています。なお米国（FDA）では－20℃で7日間の冷凍を推奨しています。)

④もしかして、景気が良くって？　あるいはグルメ志向の関係で？　多くの人が、お寿司やお刺身をよく食べるようになったからでしょうか？

⑤地球温暖化に代表される気候変動が関係あるのでしょうか？

⑥食中毒の届け出をするのは医師ですから、医師がちゃんと届け出るようになったからでしょうか？

⑦厚生労働省の関与があるのでしょうか？

⑧ソフト・ハード両面から診断技術が上がったのでしょうか。

なんともよくわかりません。私は、感覚的には、特に⑥、⑦、⑧が絡んでいるように思います。

2012（平成24）年12月28日食品衛生法施行規則の改正でアニサキスが食中毒の病因物質の種別として、食中毒事件票にアニサキスの項目が追加されています。それ以前も、その他の項目の中でアニサキスを報告できましたが、より的確に把握するため、独立した項目になって、届け出ししやくなったと考えられます。そういう意味で上記の⑤と⑥が関係します。またアニサキスの診断には内視鏡検査によります。最近では内視鏡がずいぶん普及し、検査の結果、アニサキスによる食中毒と診断しやすい環境になってきています。内視鏡検査の普及もあり、医師が積極的に届け出るようになり、結果的にアニサキス発生件数が増えているため、食中毒件数として年々高くなっているのかもしれません。

4.15.3 トキソプラズマ ~トキソプラズマに感染すると性格が変わる？

トキソプラズマという寄生性原生生物（原虫）による寄生虫症があります。ヒトへの感染は加熱不十分な食肉あるいはネコ糞便中に含まれるオーシスト（虫卵のようなもの）を何らかの理由で経口的に摂取し、感染します。この寄生虫の住み家（終宿主）はネコで、ネコがこの寄生虫を持っています。ですからネコ好きの人で、よく接触する人は感染リスクが高いといえるでしょう。通常は感染しても多くは無症状ですので、感染しても気が付きません。感染率は「ヒトの年齢×30％」くらいとも言われています。また、群馬での調査では、感染しているが発症していない「不顕性感染」の割合は、1994年が19.0％で10年後の2003年には13.1％と減少傾向との研究報告もあります。地域的には九州に高く、関東、関西の順とも言われています。発症してしまった場合ですが、発熱や倦怠感、リンパ節腫脹があります。また懸念されるのは、妊娠中の女性が「初感染」した場合です。その場合、胎盤を通じて胎児に垂直感染し、胎児に水頭症、脳内石灰化、脈絡膜炎による視力障害、精神運動機能障害を引き起こす場合があるからです。そういう意味では妊娠した女性はトキソプラズマの抗体があるのかを妊娠初期に検査をしておいた方が良いかもしれません。「初感染」にリスクがあるわけですから、自分にリスクがあるのかを知るうえで検査をしておいても良いように思います。検査料金は1,000円前後のようです。産婦人科の先生に相談することをお薦めします。

さて、トキソプラズマに感染している人は起業志向が高いというちょっと興味深い研究報告があります。米国の大学生1,500人を調査したところ、唾液検査で感染と判定された学生は、そうでない学生に比べてビジネス系を選ぶ学生が1.4倍多く、さらに会計や財務より起業関係を学ぶものが1.7倍高いというのです。感染者はホルモンや脳の中の神経伝達物質の分泌が変わり、リスクの高い行動をとる可能性があるというのです。似た研究は他にもいくつかあります。ある実験では、トキソプラズマに感染したネズミは、行動が変わり、ネコの尿に誘われるように行動し、ネコに食べられやすくなるという実験があります。トキソプラズマはネコの寄生虫ですから、寄生虫にとっても本来の住み家に帰ることができて好都合です。寄生虫に繁殖のためそのようなしくみをネズミに促しているとしたら、とてもしたたかな寄生虫です。ネズミは感染すると不安感や恐怖感を鈍らせる神経伝達物質が脳内で分泌されるという報告もあります。ではヒトの場合はどうかというと、やはり似た話があります。同様に感染すると反射神経が鈍くなりリスクも恐れなくなることにより交通事故にあう危険性は2.6倍高くなるといった報告や、感染者の自殺率は非感染者の7倍という報告もあります。実際のところ、感染により性格や行動が本当に変わるのかはよくまだわかっていません。しかし、不思議な話です。

4.16　自然食品

ある医師によると、無農薬野菜が原因と疑われる寄生虫感染事例を経験されたそうです。患者さんは無農薬だから安全と考えておられたそうですが、無農薬でかつ生で、野菜を食べると、当然、寄生虫感染リスクがあります。農薬や化学肥料を使用しないで堆肥など有機質肥料によって作物を育てる有機農法というものがあります。食品衛生上、この有機農法にリスクがあるとすれば何だと思われるでしょうか。まず、農薬を使用しないことにより、カビの発生のリスクがあると思います。カビが発生するとカビ毒が発生します。家畜由来の堆肥の使用は病原性のある微生物の汚染も心配されます。また家畜糞尿から作った堆肥の場合は寄生虫感染のリスクもあります。実際に、かつて有機農業ブームが高まった1980年頃より、当時は加熱していない糞尿の利用もあって回虫症の発生が増えたとの報告もあります。現在は加熱していない糞尿の利用は、もうほとんどないと思いますが、農薬や化学肥料を使わないから安全というわけではないということになります。有機農法といってもさまざまな形態があり、軽々に一括りにしてもいけないとは思います。また有機農法は消費者に食品選択の範囲の自由を広げてもいます。そして生き方・ライフスタイルの問題とも関わる話にもなります。ただし、自然食品だからぜったい安全ということはなく、**自然食品だからこそのリスク**も伴うのだということを知っておくことも必要なのだとも思います。

ところで、私は農学部農芸化学科出身です。農薬の勉強もしました。私は学校で、農薬は人をやっつける目的で作られたわけではなく、除草剤だったり殺虫剤だったり、農業の邪魔になる**特定のものを対象に選択的にやっつけるもの**だと学びました。だから、私は農薬をうまく人類は活用することで、私たちの暮らしは豊かになるのだと思っています。たしかに残留農薬も、安全上あるいは衛生上、リスクはあります。だから、この農薬を、この程度の量でこの頻度で使ったら、食品にはこの程度残留して、その残留量は人にどのように影響を与えるのかをリスク分析し、そして安全を見越して、残留基準値が設けられているのだと思います。流通している食品で、その基準を超えているものはほとんどないはずです。

学生時代のことですが、ある先生が「私たちは有機農法反対です」という声明のポスターを農学部校舎の玄関に貼っておられました。そういう先生は今の時代はもうほとんどおられないとは思いますが、私は当時ちょっとびっくりしたことを記憶しています。なぜなら、私は有機農法に対して良いイメージを持っていたからです。その先生の主張は、「農薬や化学肥料を利用する近代農業は農作業の労働を軽減化してくれている。有機農業は作業も増え、農業従事者離れにもつながる危険性があるから反対だ」という主張だった記憶があります。もう20年以上昔の話なので、記憶は正確ではありませんが、だいたいそういう話だったと思います。衛生上の理由だけでなく、生産者（農業従者者）の立場としてはどうなのかという視点も大切だとも思っています。

一方で、ある有機農業をやっている方のお話として、「売るために作っているのではなくて、食べてもらいたい人のために作っている」と聞いたことがあります。また有機農法の始まりとは、農薬など化学物質投入型農業による私たちの身体や環境への影響を、生産者自らの危惧から始まった一つの運動でした。有機農法とはひとつの生き方の問題とも感じます。

近代農法と有機農法のどちらが良いとか、私には断定ができません。生産者といっても一括りにできず、消費者といっても一括りにはできず、人間の人数だけ「食のかたち」はあり、食の問題は複雑です。

「食のあり方」は、みんなで、何か一つを選択した時の、リスクとベネフィット（得られる利益・恩恵）を共有し合いながら、話し合っていくしかないのだと思えてきます。そして、そのことは、場合によっては、生き方とも関係してくるのではないでしょうか。食とは何かを考えることが、人間とは何か、生命とは何か、自分自身とは何かを考えることに繋がると、自然食品のことを考えた末、私が思ったことになります。

参考文献・資料

- 厚生労働省　食中毒統計資料
  https://www.mhlw.go.jp/stf/seisakunitsuite/bunya/kenkou_iryou/shokuhin/syokuchu/04.html（2018年9月14日閲覧）
- 菅家祐輔、白尾美佳編著：食べ物と健康　食品衛生学，光生館，2013
- 日本食品衛生学会：編集食品安全の事典，朝倉書店，2009
- 日本食品衛生協会：食中毒予防必携第2版，日本食品衛生協会，2007
- 日本公衆衛生協会：感染症予防必携第3版，日本公衆衛生協会，2015
- 卵事例ハンドブック編集委員会：けんぞう先生の卵事例ハンドブック，鶏卵肉情報センター，2009
- 嘉田良平：食品の安全性を考える，放送大学教育振興会，2004
- 西田 博：食中毒の原因と対応，建帛社，1991
- 津田敏秀：市民のための疫学入門，緑風出版，2003
- 鎌田洋一：ウエルシュ菌食中毒を知ろう，食と健康，2017年11月号，9-17，2017
- 野田 衛：ノロウイルス食中毒・感染症からまもる!!－その知識と対策－，日本食品衛生協会，2013
- 三好正浩，吉澄志磨，佐藤千秋，奥井登代，小川 廣，本間 寛：小中学校で発生した集団食中毒におけるノロウイルスとABO式血液型の関係―アンケートに基づく実態調査―，感染症学雑誌，79(9)，664-670，2005
- 藤田紘一郎：パラサイト式血液型診断，新潮社，2006
- Dawson P, Han I, Cox M, Black C, Simmons L : Residence time and food contact time effects on transfer of Salmonella Typhimurium from tile, wood and carpet: testing the five-second rule, Journal of Applied Microbiology, 102(4), 945-53, 2007
- Aston University: Researchers prove the five second rule is real, 2014
  http://www.aston.ac.uk/news/releases/2014/march/five-second-food-rule-does-exist/（2018年9月14日閲覧）
- 村上道夫，永井孝志，小野恭子，岸本充生：基準値のからくり　安全はこうして数字になった，講談社，2014

・　国立感染症研究所：アニサキス症とは，2014
https://www.niid.go.jp/niid/ja/kansennohanashi/314-anisakis-intro.html（2018年9月14日閲覧）
・　内閣府食品安全委員会：ファクトシート　アニサキス症，2017
https://www.fsc.go.jp/factsheets/index.data/factsheets_anisakidae_170221.pdf（2018年9月14日閲覧）
・　吉田幸雄，有薗直樹：図説　人体寄生虫学　改訂8版，南山堂，2011
・　西田 博：食中毒の原因と対応，建帛社，1991
・　石 弘之：感染症の世界史、角川文庫，2018
・　藤田紘一郎：入門ビジュアルサイエンス　フシギな寄生虫，日本実業出版社，1999
・　松永和紀：食の安全と環境，日本評論社，2010

第5章

自然毒食中毒

5.1　自然毒食中毒はけっこう怖い

動植物の体内にある有毒な成分をもつものが原因で起こる食中毒を、自然毒食中毒といいます。自然毒食中毒は発生件数や患者数は少ないのですが、病因物質が有毒なものが多く、致死率が高いものもあるのが特徴的です。自然毒はけっこう怖いのです。

5.2　植物の自然毒

植物は動物と違って、敵に襲われそうになったとき、逃げだしたり、戦ったりもできません。おとなしく食べられるのかというと、そうではありません。**病原菌や動物たちに対して、自分の体を守るため、その毒力には差はありますが、何らかの有毒物質を持って、身を守ろうとして生きています**。自分の体は自分で守るのが植物です。クローバーと羊の関係でみると、クローバーには雌羊の流産を促す物質を含み、それを食べた雌羊は流産し、ヒツジは増えすぎず、またクローバーは食べつくされずに済むという関係の一例があります。

動物では外敵から身を守るために、まわりの植物に似た形や色の姿をするものがいて、擬態と呼ばれます。植物も同様に、まずい味や有毒物質を持っている植物に似せて生きているものがあるようです。私たちはそれで似たものどうしのうち、有毒な方を間違って食べてしまうと、食中毒にあいます。植物性自然毒食中毒では、食べられる山野草、山菜、キノコと、食べられない山野草、山菜、キノコを間違えて誤食し、食中毒になるケースが多いです。

5.2.1　ギンナンも食べ過ぎにご用心

妻の実家から、ギンナンがたくさん送られてきておいしくいただいたことがあります。イチョウの実のギンナンですが、メスとオスがあるようで、圧倒的にオスです。送られてきたのもオスがたくさんありました。味に違いはありません。メスとオスの見分け方ですが、実が3面体なのがメスで、2面体がオスのようです。

ギンナンも多量に食べると嘔吐、下痢、呼吸困難、けいれんを起こすことがあります。過去の事例として、ギンナンを7時間で50個食べ3時間後に全身性けいれんを起こした1歳男児の例、50～60個食べ7時間後に嘔吐・下痢、9時間後には全身性けいれんを起こした2歳女児の例、60個食べ4時間後に嘔吐・下痢、両腕のふるえを起こした41歳女性の例があります。50個を過ぎると、食べすぎている感じがしますが、10粒程度でも中毒を起こした事例もありますので、ほどほどが良いように思います。特に子供はこれまでの報告事例からも中毒を起こしやすいようです。子供はあればあるだけよく食べるものですから、注意が必要です。

原因物質は4-O-メチルピリドキシンという物質です。この物質は、抗ビタミンB6作用があり、結果的にビタミンB6欠乏となり、それに伴う強直性痙攣などの症状が誘発されると考えられています。したがってビタミンB6を投与すると中毒が回復するようです。

さて、ギンナンはイチョウの雌木にできますが、果皮は素手で触ると手がかぶれ、独特の匂いがあります。この独特の匂いを避けて、街路樹には雌木ではなく雄木が選ばれるのですが、実際には選別が難しく、雌木が混ざってしまうようです。

5.2.2　イチョウの木の強さ

イチョウの木は、恐竜時代（1億7千万年以上前）からの生き残りとされます。生命力が強く、あちこちに樹齢数百年の木があります。平成22年3月に強風で倒された鎌倉八幡宮のイチョウも樹齢800年でしたが、この樹の根株は、また再生し、芽が育っています。秋になるとイチョウの葉をよく見かけますが、防虫効果があります。古書の栞（しおり）に使われ、書籍の紙魚（しみ）（見たことある？　銀色の虫）対策にもなりますし、洋服・着物の防虫対策としても使われることもあります。防虫効果はシキミ酸という物質です。

約1億7千万年前のイチョウの木の化石が見つかっています。化石として残るほど腐りにくいともいえます。イチョウの実（ギンナン）も葉も、木そのものも、ある種の有毒な成分が含まれていますが、恐竜の時代、草食恐竜にとっても、イチョウはあまり都合のよい植物ではなかったのでしょう。そのために食べつくされずに現在まで生き延びたのかもしれません。イチョウのように植物は、したたかに命を繋ぎ、生きているのだと思います。

5.2.3　彼岸花

秋になると、よく田んぼの畔道や墓地に咲いている彼岸花を見かけます。これはもともとそこにあるのではなく、昔の人がそこに植えたものです。その理由は、①彼岸花の根が土手や畔の土をギュッと固めてくれるため。②彼岸花は毒があるため、田んぼや墓地を荒らすネズミやモグラ・虫などの被害を防ぐため。③飢饉（ききん）に備えて植えた（球根には毒とでんぷんがある。飢饉の時、毒を除去し、でんぷんを得て食用とした）といった理由が挙げられます。

彼岸花の毒性を含め、その特徴を人がうまく活用したのだといえます。

5.2.4　花だって怖い。食べないで！

花は綺麗ですが、食中毒のリスクがあります。見た目が似ていて、誤食の多いものでスイセンがあります。ニラとスイセンの葉が似ているため、間違えてしまうのです。スイセンは植物全体でアルカロイドを含み、誤食すると嘔吐、下痢などの症状があります。

ドイツであった出来事ですが、病院で入院中の子供の病床の傍らに、スズランの花が飾っていたのですが、花瓶の水を、喉がかわいて、つい飲んでしまった子供が、その後、亡くなってしまったという事例もあります。花は命を奪うほどの毒を持っているのです。

5.2.5　ヨモギとトリカブトを間違えて食中毒!?

小学生の頃だったと思いますが、母と、野原や土手に生えていたヨモギを採って、ヨモギ餅を作った思い出があります。とても懐かしい思い出です。

さて、ヨモギと毒草のトリカブトは外見が似ています。そのため誤って採って食べ、食中毒にあった事例もあるので、注意が必要です。ヨモギよりもニリンソウの方ががトリカブトに似ているので、ニリンソウと間違った例も多いです。トリカブトは植物全体にアコニチンなどのアルカロイドを含み、特に根の部分が猛毒です。誤食すると、嘔吐、下痢、手足や指の麻痺を起こし、重症の場合には死亡します。2012年4月7日、函館市にて、40代男性が山菜狩りに行き、ニリンソウと誤って持ち帰り、家族でおひたしにして食べたところ、男性と父親（71）が死亡した事例があります。

ちなみに、トリカブトの根は漢方では、主根を烏頭（うず）、子根を附子（ぶし）と呼んで、多くの治療薬に配合しているようです。トリカブト（の「ブシ」）の毒にあたると、顔面神経が麻痺し無表情になるとされます。江戸時代には、廊下ですれ違っても表情を変えず、会釈をしない御殿女中のことを「ブシにやられたような女」と言ったそうです。のちに、この「ブシにやられた……」が転じてブスという言葉が生まれたという説があります。

5.2.6 忍者が用いた毒薬

トリカブトは、忍者が毒薬にも使ったとされます。このほかに、石見銀山のヒ素と、ウメやモモの未熟果実から得た毒（青酸化合物）も忍者の毒薬に使われたようです。ウメやモモの未熟果実には青酸化合物が含まれ、青酸化合物という名前はない時代から、有毒であることは知られています。なお、完熟したものや梅酒・梅干のように加工したものでは、青酸化合物は分解されています。毒成分を取り込んでしまうと、体内で分解され青酸が発生し、細胞呼吸を阻害してしまい中毒が起きます。

5.2.7 女性だけが食中毒になる自然毒がある!?

死亡することもある自然毒に、海藻の「オゴノリ類」による食中毒があります。男性でも軽い食中毒症状が現れますが、女性は重く死亡することもあります。これまで国内では3例のオゴノリ類による食中毒が知られており、それぞれ死者がでています。いずれも女性です。また、海外でもオゴノリ類による食中毒事例が2件あり、死者も3名いますが、やはり女性です。男性の死亡例はまだ報告がありません。

なぜ、女性だけが重症化するのかというと、含まれる成分が関係しています。

中毒は、生オゴノリを食べて発生します。市販のオゴノリは、石灰処理されているので安全です。生のオゴノリにはプロスタグランジン類あるいはプロスタグランジン類を生成する酵素が含まれています。プロスタグランジン類は医療では陣痛促進剤としても使用される女性に影響を与える物質です。中毒は、この物質を体に取り入れることで、女性の体で異変が起こり、子宮出血、血圧低下、意識混濁を経て、死亡することがあります。

また、細切りしたオゴノリにアラキドン酸を加えると、プロスタグランジン類が増加することが分かっています。アラキドン酸は魚介類に多く含まれますので、オゴノリと魚との食べ合わせでも食中毒が起こりやすくなります。

5.2.8　呼吸で吸って中毒？

シャグマアミガサタケというキノコがあります。いわゆる毒キノコの一種です。有毒成分はジロミトリンという物質です。体内で分解され、より毒性の強いモノメチルヒドラジンになります。しかし十分に調理をすれば除毒できるという報告もあります。ヨーロッパでは古くから、除毒後に食用とした食文化もあるようです。ただし、生のままや煮沸による毒抜きが不十分の場合及び、調理中の湯気を吸いこむことで調理人が中毒になった報告もあります。この話はわが国では稀な例かもしれません。

しかし調理中に吸って中毒になる話としては一酸化炭素中毒がありそうです。2017年12月20日宮崎市の住宅で焼き鳥をしていた男性２名が死亡した事故が起きています。原因は一酸化炭素中毒です。この事故ではいろりがある部屋で木炭を使って焼き鳥をしていたようですが、不完全燃焼を起こし、一酸化炭素が発生したと考えられます。最近の住宅は気密性が高く、特に冬は部屋を閉め切ってしまうと一酸化炭素の濃度も上がります。調理由来の一酸化炭素中毒も気を付けたいです。

調理由来ではありませんが、飲食店で、吸って健康被害があるものとして、タバコの受動喫煙もありますね。一酸化炭素中毒同様、食品衛生ではありませんが、公衆衛生上、重要な健康危害要因です。

5.3 動物性自然毒

5.3.1 フグ毒

動物性自然毒のほとんどは魚介類由来です。なかでもフグ毒が一番多いです。平成29年の場合、動物性自然毒は26件ですが、そのうちフグ毒が19件です。平成29年は、死者はいませんが、これまで、しばしば死者がでています。フグ毒の原因はテトロドトキシンという化学物質です。ビブリオ属やシュードモナス属の一部の海洋細菌が毒素を産生し、食物連鎖（自然界における生物は、食べる・食べられるという関係で繋がっていて、その一連の関係を食物連鎖といいます）によってフグが取り込み蓄積しています。毒性はフグの種類および部位によっても異なりますが、一般的には肝臓、卵巣、皮の毒性が強く、その毒性により死に至ることもあります。フグ自体はその毒性によってダメージを受けないかというと、どうやらフグの進化の過程で耐性を得てきたようです。フグがフグ毒を取り入れるときの運搬や蓄積の際に、フグ毒の毒性発現を阻止するタンパク質の存在が推定されています。しかし大量の毒素を外部から投与されると、さすがにフグも中毒死するようです。なにごとも「ほどほど」なのかもしれません。

それにしても、フグが毒をもつのは、自分の身を守るためなのかもしれません。フグは産卵期に毒を卵巣に移動させます。卵を狙う天敵からの防御のためと考えされます。産卵されたフグの卵を一般魚は食べようとしないようです。卵に毒があることを知っているのでしょうか。フグは敵に会うと、膨れ上がって食べられにくい形状になりますが、同時に皮膚からは毒を放出しています。また、フグは、毒化された餌と無毒化された餌のどちらを好むかというと、毒化された方の餌を好むという報告もあります。まさに自身の身を守るために、自ら毒化していっているのかもしれません。

フグは縄文時代から、日本では食され、食文化として根付いています。しかし死者がでることもあるフグをどうして日本人は好んで食べるのでしょうか。このことを、外国人に尋ねられたことがあります。それは「おいしいから」と答えるしかありません。

最近は、無毒の養殖フグで町おこしをしようとする取り組みもあります。

フグが毒化するのは、毒をもつ餌をフグが取り込むからです。したがって、毒をもたない人工飼料や生餌で育てた養殖フグは毒をもたないはずです。法的には、厚生労働省が通知している食用可能なフグの種類と部位以外の販売は認められていません。しかし、現在は法的に食用不可となっている部位（例えばフグ肝）についても、無毒フグの登場により、販売が可能になってくるかもしれません。研究成果をもとに水産業者、研究者、行政、消費者といった関係者間でのリスク分析が現在、進められています。

フグ養殖の方法は自然の海で育てる海面養殖や、循環水槽を利用した陸上養殖があり、各地で試みがあります。私も山形県で温泉水を利用した養殖フグをおいしくいただいたことがあります。

5.3.2　貝毒

貝毒とは文字のとおり貝が持つ毒です。マガキやアサリなどの二枚貝が、ときとして毒を持つことがあります。毒化は外見からはわかりません。

貝自体が毒を作るわけではなく、プランクトンが産生します。二枚貝は水中の懸濁物をエラでこし集めて餌としていますが、その際に貝の中腸腺に蓄積されていきます。ノロウイルスも重金属も貝毒も、中腸腺に蓄積されています。

真冬に訪れたお寿司屋さんで、「今の時期は、貝毒であたらないよ」と言われたことがあります。貝毒による食中毒が起きやすいのは、春から夏の時期です。それは有毒プランクトンの増殖時期が冬季から春（夏）に多いからです。国内で規制されている麻痺性貝毒の場合、その代表的な有毒プランクトンのAlexandrium属は2～4月、Gymnodiunium属は11月～4月に出現し、下痢性貝毒の原因となる主な有毒プランクトンのDinophysis属は6～8月に現れてきます。

貝毒の種類は、麻痺性貝毒、下痢性貝毒、記憶喪失性貝毒、神経性貝毒といったものがあります。麻痺性貝毒は食後30分で麻痺がはじまり、その後全身に広がります。重症の場合は死亡します。下痢性貝毒は下痢などの消化器系が主で、比較的軽微で数日中に軽快します。記憶喪失性貝毒は胃腸障害とともに、脳の海馬を損傷させて記憶喪失をもたらすなどの神経障害を引き起こします。神経性貝毒は食後数時間で症状が現れ、口腔内のしびれ、温度感覚異常、運動失調などの神経症状を呈します。胃腸障害を伴うこともあります。

これらのうち麻痺性貝毒、下痢性貝毒は、わが国では規制値があります。毒はプランクトンによって産生され、毒をもったプランクトンを貝が捕食することで、貝に毒が蓄積し、それをヒトが食べることで食中毒が起こります。プランクトンは春先から初夏に増殖しますので貝毒もこの時期にみられます。ですから真冬だと毒化は起こりにくいです。

麻痺性貝毒の規制値は4 MU（マウスユニット）/g以下、下痢性貝毒の規制値は0.16 mgオカダ酸当量/kgとなっています。規制値と検査について少し触れたいと思います。

麻痺性貝毒の規制値の単位ですが、1 MUとは希塩酸抽出液を体重20 gのマウス（ddY系、雄）の腹腔内に投与した時、15分で死亡させる毒量になります。動物を用いる毒性試験は動物愛護の観点から、機器分析法に替えられるものならば替えた方がよいのですが、毒成分は単一でなく、未知成分が含まれることも多いことから切り替えが難しいのです。フグ毒についてもマウスによる毒性試験が公定法で定められています。下痢性貝毒についても、マウスによる毒性試験が行われてきましたが、平成27年の4月より、機器分析法が採用されています。マウスによる試験では動物愛護の点からも問題がありました。またマウスによる毒性試験では、検出感度や精度に問題もありました。そのため今回の改正による機器分析法の採用は有意義な改正です。下痢性貝毒の主要な原因物質の一つとしてオカダ酸という物質がわかっています。規制値では毒性等価係数というものを用いて、下痢性貝毒原因としてわかっている毒成分の化学種をオカダ酸当量に換算したものの総和で規制値としています。

麻痺性貝毒の試験は、機器分析法に移行されることなく、動物試験が引き続き行われています。麻痺性貝毒の原因物質のサキシトキシン類はフグ毒のテトロドトキシンと構造式が良く似ており、類似の症状を呈しますが、猛毒の為、標準品の入手が困難です。そのことも機器分析が困難な理由の一つです。またフグ毒も麻痺性貝毒も毒成分は単一でないことも多く、未知成分も含まれている可能性もある点からも機器分析法への移行を難しくしています。

水揚げされた二枚貝は出荷前に生産者により自主検査が行われています。平成30年は貝毒のあたり年なのかもしれません。全国の56海域が麻痺性貝毒の規制値を超え、出荷が自主規制されています。潮干狩りをしても、客がとったアサリを自治体の方で安全なアサリと交換し渡している潮干狩り場もあります。

どうして、平成30年は貝毒がよく見つかっているのかは、その理由は正確にはよくわかっていません。原因となる有毒プランクトンが、特に多く発生しているのでしょうか。そうだとするとその理由は、なにかはわかりません。海の中にはいろいろなプランクトンが生息して、プランクトンの種どうしの生存競争があります。何らの理由で、貝毒を起こすプランクトンが優位になったのかもしれません。プランクトンの増殖にはいろいろな要因が絡んでいますので、これが要因というのを明らかにするのは難しいのだと思います。

プランクトンの拡散という点では、東日本大震災と津波の影響でプランクトンのもとになる「シスト」がまき散らされたという説もありますし、逆に台風や大雨で毒化したものが洗い流されるという説もあります。どれも実証は難しいですが、まったく無関係でもないかもしれません。

なお規制値を超える二枚貝が出荷されることはほとんどありません。また市場に流通した二枚貝も行政よる抜き取り検査が行われ、監視されています。流通二枚貝による食中毒は極めて稀な状況にはあります。ですから、春先から夏にお寿司屋さんで貝を食べても、「今の時期でも、貝毒であたらないよ」なのかもしれません。

貝毒には記憶喪失性貝毒があります。1987年に、カナダでムール貝（ムラサキイガイ）による107名の中毒事例があります。ヒトではありませんが、貝を食べたクジラが記憶喪失性貝毒になり、進んでいる方向がわからなくなって、入り江など陸に打ち上げられたとされる事例もあります。記憶喪失性貝毒の原因物質はドウモイ酸です。回虫駆虫作用のあるアミノ酸の一種です。この物質は鹿児島県徳之島の回虫駆除に服用されていた紅藻類フジマツモ科ハナヤナギ（現地名：ドウモイ）から1959年に分離されています。戦後、衛生状態の悪い時代、寄生虫である回虫の駆除のために海藻を食べていた子供たちがいました。ドウモイ酸を摂っている子供たちもいたでしょうが、だからといって記憶喪失にはなっていなさそうですし、不思議です。前出のカナダの食中毒事例では、中毒症状で、重度の規則障害を起こしたのはいずれも60歳以上の高齢者あるいは慢性的に腎臓の障害を持った人だったという報告があります。年齢・腎障害と発症に関係があるのかもしれません。

ところで、平安時代末期の一種の百科事典の「簾中抄」の中で、ハマグリは12月に食べてはならないと、避けるべき食品に挙げられています。その時期に獲れたハマグリは避けるべき扱いだったことになります。私は食禁に関する言い伝えは、何かしら意味があっての言い伝えなのではないかと思っています。もしかすると、何らかの衛生上の理由が、食禁と関係するのではないかなと考えていたりもします。避けるべき食品は、避けるべき食べ合わせとしても言い伝えとしてあります。言い伝えの端緒となった出来事を調べることでも、食品衛生の歴史を探求できるかもしれません。

5.3.3 酔っぱらう食中毒

動物性自然毒の中で比較的多いものに、テトラミンによる中毒があります。年間数件報告されます。原因食品はツブやツブ貝として売られている「ヒメエゾボラ」や「エゾボラモドキ」といった貝です。テトラミンは巻貝の唾液腺に蓄積しています。唾液腺を除去して食べると、食中毒のリスクは減ります。主な中毒症状は頭痛、めまい、船酔感、酩酊感、視覚障害で、比較的軽微です。食後30分～1時間で症状が現れますが、テトラミンの対外排泄が早いので、比較的短時間で治まります。酒に酔ったような症状がありますが、酒のつまみで食べた場合、どちらが原因で酔ったのか、わからないこともあるかもしれません。

5.4 カビとカビ毒

カビ毒も自然毒の一種といえます。カビが食品などに寄生して生育していく過程で産出する代謝産物のなかで、ヒトや家畜に発がん性、変異原性、胃・肝障害性などの毒性を示す化合物の総称をカビ毒（マイコトキシン）と呼びます。カビ毒は種類が多く、300種類以上知られています。なかでも発がん性のあるアフラトキシン、がんプロモーター作用を示すフモニシン、世界中の穀倉地帯で麦やトウモロコシを汚染するフザリウム属菌が産生するトリコテセン系カビ毒、リンゴを汚染するパツリンなどが食品衛生上は重要視されています。

このようにカビ毒をつくるカビがある一方で、ヒトや動物、環境に有益で有用なカビもたくさんあります。例えば、みそ、しょうゆ、みりん、かつおぶし、甘酒などカビの働きを利用した食品を私たちは利用しています。また人や家畜に有益なペニシリンや消化酵素のような抗生物質・酵素製剤が医薬の分野で利用されます。環境では、森林の落ち葉の分解に関与し環境浄化・物質循環に関与するカビもあります。

5.4.1　デオキシニバレノール（DON）

麦のアカカビ病の原因でもある植物病原菌の一つのフザリウム属菌は植物体に寄生し毒素（フザリウム毒素）を産生します。この主なフザリウム毒素にはトリコテセン系カビ毒、ゼアラレノン、フモニシンといったカビ毒があります。トリコテセン系カビ毒とはトリコテセン環という特徴的な構造を有しており、その構造の違いからタイプA～Dまで分けられていますが、食品に汚染するカビ毒はほとんどタイプAとBです。タイプBはタイプAより極性が高いため、腸管吸収率があまりよくなく、毒性はタイプAより低いと考えられています。別の言い方をすると、タイプAはタイプBより脂溶性があり、脂溶性が高いほど吸収速度は速いので、タイプAはタイプBよりも毒性があるといえます。トリコテセン系カビ毒に共通した毒性として、タンパク合成阻害、核酸合成阻害、免疫毒性があります。わが国で小麦に対して基準値（正しくは暫定的な基準値）も設けられいるカビ毒のデオキシニバレノール（DON）はタイプBになります。他のタイプBには、ニバレノール（NIV）、フザレノンXがあります。タイプBは日本で問題になるようなカビ毒が多いです。一方タイプAのカビ毒はT2-トキシン、HT-2トキシンなどがあります。これらタイプAはどちらかというと海外（輸入品）でリスクがあります。

さてDONは1970年に香川県で発生したアカカビ病の罹病大麦及び分離した菌種の毒素を香川大学の諸岡信一教授が単離したのが最初の報告です。香川といえばうどんだから見つけられたのかどうかはわかりませんが、それはそれとして、この毒素はその後、1973年に諸岡教授のグループにおいて世界で初めて化学構造が決定され、「デオキシニバレノール」として報告されます。このカビ毒は、世界から注目を浴び続けるカビ毒となります。その頃、うどん屋の長男として育ち香川大学食品学科で卒論研究をしていた青年がいます。その青年とは後に食品衛生学の分野では有名な、一色賢司先生（北海道大学名誉教授）です。一色先生はアカカビ病を増やしては、諸岡教授や芳沢助手の指導のもと、抽出液を作り、マウスやゾウリムシにそれを投与し様子を見ていたそうです。当時はRd-toxinと呼んでいた画分の毒素がのちに世界中から注目されるとは思いもよらなかったようです。

本論に戻りますが、フザリウム属はわが国の土壌にも生息し、小麦への汚染が問題になっています。小麦はわが国ではコメの次に摂取量の多い食品ですから注意が必要といえます。厚生労働省では2002年に小麦及び玄麦を対象にDONの暫定基準値として1.1 mg/kgと設定しています。現在、厚生労働省は「暫定的」の言葉を取り、「暫定的」ではない「基準値」とする方向で検討をしています。また基準はない同じタイプBのカビ毒の「ニバレノール（NIV）」もDONと複合汚染事例が多いことも知られています。まだ基準はありませんが、NIV汚染についても注意が必要です。

5.4.2 パツリン

パツリンは1942年に発見され、当初は人の役に立つ抗生物質として着目されましたが、毒性の強さから、抗生物質としては利用されることにはなりませんでした。

パツリンの動物に対する毒性としては、大量投与すると胃、腸、肝臓、肺などに充血、出血、壊死などの病変が認められています。国際がん研究機関（IARC）は、グループ3（人に対する発がん性については、分類できないもの）としており、発癌性については今のところ低いとされています。現在までにパツリンのヒト中毒例や疫学的報告はありません。パツリンが原因と疑われている牛の中毒例はあります。生体内の毒性機序としては、パツリンが生体内タンパク質のSH基と結合することでたんぱく質の変性を起こし毒性を発現するとされています。

何らかの損傷を受け、生食用として流通できないリンゴ（例えば木から落ちたリンゴ）は、果汁等の加工原料として利用されることがあります。リンゴは損傷部にパツリン産生菌が侵入、増殖したときにパツリンを産生することが知られています。そのためリンゴジュースや果汁にパツリンに汚染されている可能性があります。幼児・子供では体重に対してはリンゴジュース摂取の割合が大人よりも大きく、幼児・子供への健康被害が懸念されるため、わが国では健康被害を未然に防ぐ観点により、2003（平成15）年にリンゴジュース中のパツリンについて、0.050 ppmの基準値が設けられています。

私の研究室で、2013年と2014年に市販リンゴジュース及びブドウジュースのそれぞれ20試料についてパツリン分析を行い、汚染状況を調べたことあります。私たちの調べた限りでは基準値（0.05 ppm）を越えたものはありませんでした。勤める大学にある分析機器（HPLC）で定量できる限界（0.01 ppm）を越えたものもありませんでした。もう少し低濃度を測れる高感度の機器を利用したら、もしかしたら微量の検出があるのかもしれませんが、0.01 ppmを下回るレベルの検出があったとしても、ただちに健康に悪影響とは思えません。

また最近は、少なくとも国内での検出事例はほとんど見聞きしませんので、現在の国内での曝露リスクは低いのではないかと私はみています。

5.4.3　カビはカビ毒によって死滅しないのか

カビが作る毒素であるカビ毒よってカビはそもそもダメージを受けないのでしょうか。デオキシニバレノール（DON）の場合、最も毒性に影響するのが、その構造上、「3位」と命名される炭素と結合している水酸基（-OH）と考えられています（図5-1）。DON生成経路の過程で、毒性をもつ前駆体ができると、その前駆体の構造上で「3位」の位置にある水酸基を解毒するためアセチル化（図5-2）することが知られています。フザリウム属のカビは、このアセチル化により自ら作ったDONによるダメージを受けることから身を守ります。そして、植物体内にいよいよ侵入するときになって、アセチル基が外れ、水酸基になります。DONの毒性によりカビの植物体への侵入が促されます。DONが存在すると、植物体内への菌糸の侵入が容易になります。フザリウム属のカビの場合では、カビがカビ毒を作る理由とはカビが植物体内に侵入しやすくするためと考えられています。

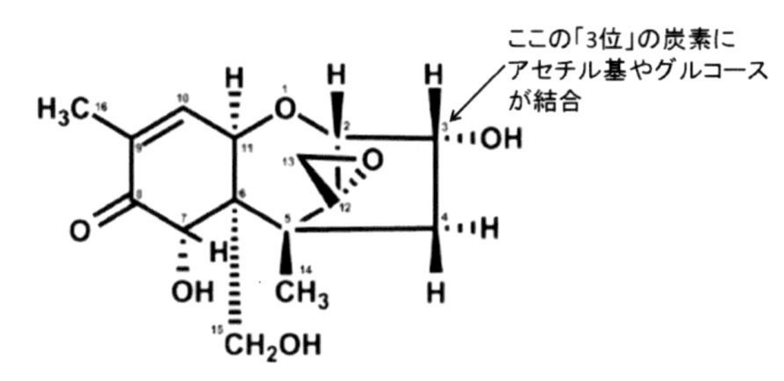

図5-1　デオキシニバレノール（DON）の構造（構造式は内閣府食品安全委員会ホームページより引用、加工）

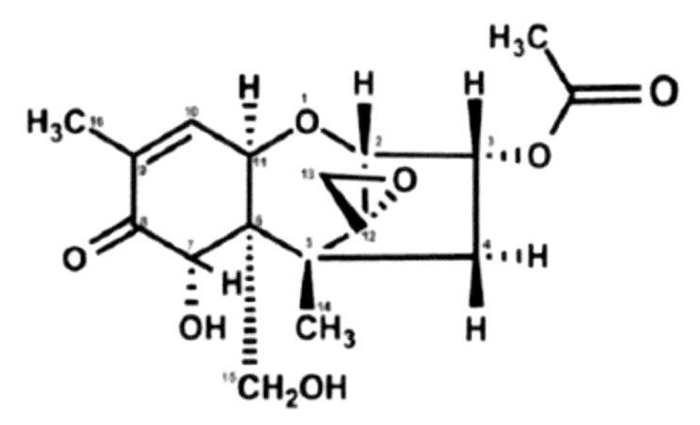

図5-2　「3位」の炭素がアセチル化された「3-アセチルDON」の構造（内閣府食品安全委員会ホームページより引用）

5.4.4　植物体はカビ毒に無防備か

植物体は、無防備にカビの侵入を許すのでしょうか。フザリウム属のつくり出すDONのようなカビ毒の場合、侵入に抗して、植物体は、カビ毒を無毒化するための機構がはたらき、グルコシドが生成すると考えられます（図5-3）。DONの場合グルコースが結合するのは「3位」の水酸基の位置です。近年、このようなマイコトキシンの配糖体など誘導代謝物に関する研究が注目されています。マイコトキシンは植物自身の解毒作用などによって代謝・配糖化されるものですが、特にグルコシド体が良く知られていています。この配糖体はマスクドマイコトキシン（masked mycotoxin）と、呼ばれてきました。

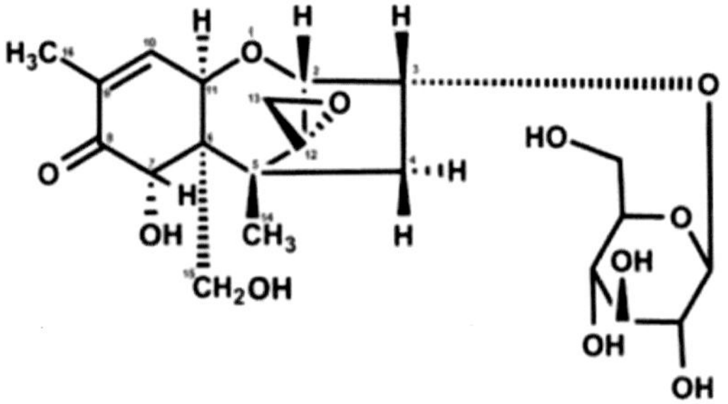

図5-3 DONグルコシドの構造
（内閣府食品安全委員会ホームページより引用）

さて、カビ毒の一種のフモニシンは、糖存在下での熱処理により分子内のアミノ基に糖が結合した誘導体になることが知られています。この場合、化学的な反応で生成されたものであり、いわゆる配糖体（マスクドマイコトキシン）と同じように扱うことは変です。このように化学的に生成されたものとは区別しようということから、最近は、カビ毒糖誘導体のことについて、「マスクドマイコトキシン」の用語はマスクされ（？）、マスクドマイコトキシンとは呼ばないで、モディファイド（修飾された）マイコトキシン（modified mycotoxin）と呼ぶようになり始めています。

5.4.5　モディファイドマイコトキシン

モディファイドマイコトキシンは通常の分析法では検出されません。そのため、それらを見逃すことはマイコトキシンリスクの過小評価につながってしまうおそれがあります。モディファイドマイコトキシン自身は「もとの」マイコトキシンより毒性は低いですが、ヒトがそれを摂取すると、腸内細菌等による生体内酵素のはたらきで分解され「もとの」マイコトキシンとして毒性を発現します。そのため、モディファイドマイコトキシンはリスク評価の上では重要なファクターとして扱うべきという主張があります。すでにデオキシニバレノール（DON）のほか、ニバレノール、フザレノンX、T-2トキシン、HT-2トキシン、ネオソラニオール、ジアセトキシスシルペノールといったフザリウム属菌の産生するカビ毒（フザリウム毒素）の配糖体は天然に存在していることが報告されています。

最初に見つかったモディファイドマイコトキシンのDONグルコシドは、ビールの発酵や工程中でDONグルコシドがDONに分解したことで知られました。

その存在比率ですが、遊離DONに対する遊離体換算DONグルコシドの平均濃度比は小麦0.35、大麦0.67という研究報告もあります。小麦と大麦とでは配糖体の蓄積割合や機構が異なっている可能性がありますが、一定の量でグルコシド体はあるようです。DONグルコシドが仮にヒトの体内ですべてDONに変わるとすると、DONの経口曝露は大きく増え、リスクとして見過ごせないと思われます。

EFSA（ヨーロッパの食品安全評価機関）では2014年から遊離体のカビ毒だけでなく、モディファイドマイコトキシンもリスク評価していこうと取り組んでいます。国際的にもその潮流にあります。

ところでパツリンについては、配糖体の存在は知られていません。私はパツリンにもグルコシドはできないだろうかと思い、酵素反応を利用してグルコシドができないものだろうかと試みたことがあります。しかし成功していません。そもそもパツリンは、他の配糖体ができるカビ毒とは、生成メカニズムも異なるので、パツリングルコシドは存在しない可能性が高そうです。先ほども述べましたように、グルコシドができるカビ毒であるフザリウム属の場合、カビの菌糸が組織に浸入するのをたやすくするための化学物質（カビ毒）を産生され、そのカビ毒が植物の細胞膜を破壊し、菌糸は植物体内部に浸入していくと考えられています。そしてこのとき、侵入に抗して、植物体は、カビ毒を無毒化するための機構がはたらき、グルコシドが生成すると考えられます。配糖体など解毒機構により化学変化されたカビ毒誘導体は植物体液胞内に輸送され、蓄積されることになるとの研究報告もあります。一方パツリンは、リンゴ損傷部にパツリン産生菌が侵入し、増殖したときにパツリンを産生することが知られています。すなわち、前者のフザリウムとはカビ毒生成のプロセスがそもそも異なることからも、パツリングルコシドは生成されないのではないかと考える方が妥当そうです。

なお、懸濁したリンゴジュース中ではパツリンはアミノ酸やたんぱく質と結合し、「結合型パツリン（bound patulin）」として存在するという報告があります。こちらは発見されているものですから、「結合型パツリン」のリスクというものも、今後課題となっていくと思います。

5.4.6　麦角アルカロイド

ヒトのカビ毒中毒の最も古い記録として、ライ麦による中毒が歴史的にも有名でライ麦を主食とした中世ヨーロッパではしばしば発生していました。

開花時のライ麦など麦類に麦角菌が寄生すると、黒紫色の菌核である麦角が形成され、一連の麦角アルカロイドという化学物質が産生されます。麦角アルカロイドは交感神経を麻痺させ、血管や子宮筋を収縮する作用があります。麦角アルカロイドを含む麦類を摂取すると嘔吐、腹痛、知覚障害を起こし、妊婦では流早産を起こします。

ところで、1692年米国セイラム（現在のダンバース）で「セイラム魔女裁判」という出来事が起こります（図5-4）。200名近い人が魔女と疑われ、19名が処刑されたそうです。この魔女裁判で魔女とされた人は、実は麦角アルカロイド中毒だったという説があります。魔女と疑われるきっかけの一つであった女性の奇異な行動等は麦角アルカロイド中毒の症状と一致するところがあるようなのです。そうだとすると、魔女裁判の疑いの女性たちは、カビ毒に汚染された麦類を喫食したことに起因する食中毒患者だったことになります。

出典：“The Trial of George Jacobs of Salem for Witchcraft, August 5th, 1692” by Tompkins Harrison Matteson（https://www.westridgeelementary.org/ourpages/auto/2015/10/6/52123089/Trial%20of%20George%20Jacobs.pdf）2018年9月14日閲覧

図5-4　セイラム魔女裁判の様子

5.4.7　ブリューゲルの絵画が物語る食中毒症状

写真のない時代のことを知る手掛かりの一つが「絵」です。絵画から描かれた当時の文化や様子を推測することができます。上述のセイラム魔女裁判以外にも、麦角アルカロイド中毒の様子を描いた絵画があります。ピーテル・ブリューゲルによる「謝肉祭と四旬（しじゅん）節の喧嘩」（1559年）の中に麦角アルカロイドによる中毒患者の姿が描かれているとされています（図5-5,6)。四旬節とは復活祭前の40日間、肉を絶ち、節制し悔悛（かいしゅん）を行う期間で、絵の右半分（図5-5）です。一方、謝肉祭は四旬節に入る前にたらふく食べて、仮装行列して大騒ぎする期間で、絵の左半分（図5-6）です。「謝肉祭と四旬節の喧嘩」では謝肉祭と四旬節の２つの行事を、快楽と禁欲の寓意として絵画の左右に描き分けながら、祝祭の習慣を表現しています。

出典："The Fight Between Carnival and Lent, 1559"　by Pieter Brueghel（https://ja.wikipedia.org/wiki/ピーテル・ブリューゲル#/media/File:Pieter_Bruegel_d._Ä._066.jpg）2018年12月5日閲覧

図5-5　右半分の四旬節の様子

出典："The Fight Between Carnival and Lent, 1559"　by Pieter Brueghel（https://ja.wikipedia.org/wiki/ピーテル・ブリューゲル#/media/File:Pieter_Bruegel_d._Ä._066.jpg）2018年12月5日閲覧

図5-6　左半分の謝肉祭の様子

出典："The Fight Between Carnival and Lent, 1559" by Pieter Brueghel（https://ja.wikipedia.org/wiki/ピーテル・ブリューゲル#/media/File:Pieter_Bruegel_d._Ä._066.jpg）2018年12月5日閲覧、部分拡大

図5-7　絵画にみられる麦角アルカロイド中毒患者

さて、麦角アルカロイド中毒患者は右半分（四旬節）の部分に中央部の少し下のあたりに見えます（図5-7）。手足を失い、ある種、奇異な様相の女性が描かれています。麦角アルカロイド中毒は血管を収縮する作用があるため、血のめぐりが悪くなり、赤くはれたり痛くなったり、重い場合は壊疽（えそ）を起こすこともあります。描かれている女性は手足が壊死（えし）し、失ったと考えられます。そして、その女性の横には食べたであろう麦角菌に汚染されたライ麦パンが置かれているようです。一方でその近くを歩く人は（汚染されていない）小麦パンを持ち歩き、小麦パンを食べている人も描かれています。中毒患者の女性の症状は健康的には見えません。麦角アルカロイド中毒による知覚障害と思われます。幻覚剤として知られるLSDは麦角アルカロイドから合成されますが、両者は構造式がよく似ています。中毒女性のある種、奇異に見える表情は幻覚作用の症状とも見えます。

麦角アルカロイドによる中毒は中世ヨーロッパではしばしば発生していたのですが、その症状は「聖アントニウスの火に焼かれる病」と呼ばれ、人々に恐れられていました。ブリューゲルはこの病を絵画の中に描いたとされています。

参考図書・資料

（全体を通じて）

- 菅家祐輔，白尾美佳編著：食べ物と健康　食品衛生学，光生館，2013
- 日本食品衛生学会編集：食品安全の事典，朝倉書店，2009
- 日本食品衛生協会：食中毒予防必携第2版，日本食品衛生協会，2007

（植物性自然毒関係）

- 田中 修：植物はすごい，中央公論新社，2012
- 東京都福祉保健局：身近にある有毒植物，東京都，2014
- 佐藤元昭：有毒な山野草，食品衛生学雑誌，52(2)，87-99，2011

（動物性自然毒関係）

- 塩見一雄，長島祐二：新訂版　海洋動物の毒―フグからイソギンチャクまで―，成山堂，1997
- 厚生労働省：下痢性貝毒（オカダ酸群）の検査について，食安基発0306第4号，2015
  https://www.mhlw.go.jp/file/06-Seisakujouhou-11130500-Shokuhinanzenbu/150306kaidokukensa.pdf（2018年9月14日閲覧）
- 大城直雅：下痢性貝毒（オカダ酸群）の新規制値と検査法，第109回食品衛生学会学術講演会教育講演　資料，2015
  http://www.nihs.go.jp/kanren/shokuhin/20150514-fhm.pdf（2018年9月14日閲覧）
- 下田吉人：日本人の食生活史，光生館，1965
- 野口玉雄：フグはフグ毒をつくらない，成山堂，2010

（カビ毒関係）

- 日本食品衛生協会：カビ対策ガイドブック，日本食品衛生協会，2007
- 師岡信一，裏辻憲昭，芳沢宅実，山本弘幸：アカカビ自然罹病麦中の毒性物質による研究，食品衛生学雑誌，13，368-375，1972
- Yoshizawa T, Morooka N: Deoxynivalenol and its monoacetate:new mycotoxins from Fusarium roseum and moldy barley, Agric Biol Chem, 37: 2933-2934, 1973
- 一色賢司：食品安全とフードチェーン・アプローチ，JSM Mycotoxins, 67(1), 29-32，2017

- Brigitte Poppenberger, Franz Berthiller, Doris Lucyshyn et al: Detoxification of the Fusarium Mycotoxin Deoxynivalenol by a UDP-glucosyltransferase from Arabidopsis thaliana, The Journal of Biological Chemistry, 278(48), 47905-47914, 2003;
- 中川博之：高分解能LC-MSを用いたカビ毒配糖体の検索，日本食品衛生学会　第2回分析セミナー　講演要旨集，2018
- 高鳥浩介：カビ毒，小児科臨床，65（増刊号），1409-1418，2012
- 田端節子：国内で起きるカビ毒汚染の実態と制御－パツリンを中心として，マイコトキシン，58(2)，129-135，2008
- International Agency for Research on Cancer (IARC): Some naturally occurring and synthetic food components, furocoumarins and ultraviolet radiation. IARC Monographs on the Evaluation of Carciongenic Risk of Chemicals on Humans, 40, 83-98, 1986
- WHO/FAO Joint Export Committee of Food Additives and Contaminants (JECFA). WHO Technical Report Series 859. Evaluation of Certain Food Additives and Contaminants, 36, 1995
- 大久保 薫：飼料を中心としたカビの中毒について，日本獣医師会雑誌，22，453-468，1969
- Ralph Flege, Manfred Metzler: The mycotoxin patulin induces intra- and intermolecular protein crosslinks in vitro involving cysteine, lysine, and histidine side chains, and α-amino groups, Chemico-Biological Interactons 123, 85-103, 1999
- CODEX Alimentarius Commission. CODEX general standard for contaminants and toxins in food and feed (CODEX STAN 193-1995), 30, 1995
- Katleen Baert, Bruno De Meulenaer, Chitundu Kasase et al: Free and bound patulin in cloudy apple juice, Food Chemistry, 100, 1278-1282, 2007
- 田端節子，岩崎由美子，飯田憲司　他：ブドウ加工品のパツリン汚染，日本食品衛生学会第94回学術講演会要旨集　67，2007
- 中川博之：高速液体クロマトグラフィ―質量分析法によるフザリウムトキシン分析に関する最新の知見，マイコトキシン，64(1)，55-62，2014;
- 久城真代：医食住のマイコトキシン　マイコトキシンの基礎　食品分野のマイコトキシン，防菌防黴，40(6)，373-380，2012
- Hiroyuki Nakagawa, Kimihide Ohmichi, Shigeru Sakamoto et al: Detection of a new Fusarium masked mycotoxin in wheat grain by high-resolution LC-Orbitrap MS. Food Additives and Contaminants PartA, Chemistry, analysis, control, exposure & risk assessment, 10, 1447-56, 2011
- 中川博之：カビ毒配糖体（マスクドマイコトキシン）の探索，植物防疫　69(1)，37-42，2015
- 厚生労働省：薬事・食品衛生審議会食品衛生文科会食品企画部会議事録（平成22年12月14日），2010
  https://www.mhlw.go.jp/stf/shingi/2r9852000000zy3a.html（2018年9月14日

閲覧）

- ブリューゲル・ヒエロニムス・ボス：ブリューゲルとフランドル絵画，楽しく読む名作出版会，2017
- 宮城大学　動物生化学教室：エンドファイト感染草摂取による中毒症の研究，2016 http://www.myu.ac.jp/soshiki/facultymember/inouetof.html（2018年9月14日閲覧）
- Linnda R. Caporael: Ergotism: The Satan Loosed in Salem?, Science, Vol.192 (2 April) ,1976 http://www.physics.smu.edu/scalise/P3333sp08/Ulcers/ergotism.html（2018年9月14日閲覧）

第6章

食品衛生検査の仕事

6.1 食品のサンプリング

6.1.1 サンプリング手順

分析の対象となる集団（母集団）からサンプル（試料）をとることをサンプリングといいます。**サンプリングは母集団を代表するサンプルを抽出するわけですから、正しくサンプリングを行えなければ、分析がいかに正確でも、母集団の情報を正しく得ることができなくなります。**サンプリングはとても大切です。食品衛生法に基づく輸入食品等の命令検査では、厚生労働省がサンプリングの手順を定めています（表6-1）。例えば野菜の農薬検査の場合、輸入品のロット数に応じて検体採取のための開梱数が変わり、それらから採取し合計1 kgとしたものを1検体とします。また野菜でも、乾燥野菜か、キャベツか、加工食品かによってもその方法が変わります。

表6-1　検査で採用されるサンプリング計画

検査項目		ロットの大きさ (N)	検体採取のため開梱数 (n)	検体採取量 (kg)	検体数
農薬	①乾燥野菜、乾燥果実、茶（抹茶を除く）	≦ 50	3	0.3	1
		51 ～ 150	5	0.3	1
		151 ～ 500	8	0.3	1
		501 ～ 3,200	13	0.3	1
		3,201 ～ 35,000	20	0.3	1
		≧ 35,101	32	0.3	1
	②キャベツ（芽キャベツを除く）およびハクサイ	特定せず	4	4個をそれぞれ4等分し、おのおのから1等分を集めたもの	1
	③加工食品（簡易な加工を除く）	≦ 150	3	1	1
		151 ～ 1,200	5	1	1
		≧ 1,201	8	1	1
	④上記以外	≦ 50	3	1	1
		51 ～ 150	5	1	1
		151 ～ 500	8	1	1
		501 ～ 3,200	13	1	1
		3,201 ～ 35,000	20	1	1
		≧ 35,101	32	1	1

出典：「食品衛生検査指針　理化学編　2015」p11を参照

6.1.2 サンプリングの実務

かつて食品の検査員時代に検査の対象となる食品のサンプリングも行っていました。輸入食品の検査の場合、保税地区と呼ばれる地区に入り、保税倉庫内にて食品のサンプリングを行いました。保税倉庫に入るため税務署の許可が必要で、税務署に行って許可書をもらってから倉庫に入りました。

日本冷凍食品検査協会職員だったある時期、1週間に1回だけ大井ふ頭のある倉庫内の一室にある大井分室勤務のことがありました。品川駅港南口からバスで出勤すると、そこから社用車で大井ふ頭内を中心に東京湾をサンプリングのために訪れていました。

横浜の山下ふ頭は、私の自家用車が保税地区入溝許可の車に指定されたこともありました。実際に自家用車を社用に使うことは少なかったのですが、横浜湾の倉庫にもよくお邪魔していました。

倉庫内での仕事は、少し危険です。荷物は積み上げられていますので、荷物が落ちる可能性もあります。20年近く前の話ですが、他機関の方でサンプリング中に倉庫内で事故にあった人もいます。倉庫が多く集まる埠頭内も大型トラックが行き交いますし、サンプリングもリスクが伴う仕事ともいえます。

輸入食品以外のサンプルリングでは、学校給食の食材検査のため、小学校の給食室にサンプリングに行ったこともあります。就職して、仕事で小学校に行くことになるとは思いもしませんでした。

飲食チェーン店の本社の依頼によりさまざまな量販店に食材のサンプリングに伺い、その折に、本社のマニュアルに従っているかのチェックなど店舗内の衛生検査と、その場での助言（指導）も行うという仕事も経験しました。当時、その仕事を量販店業務と呼んでいました。量販店業務では、営業中に伺うわけですが、検査に来ていると店舗のお客さんに知られないように工夫する必要がありました。そこで私の職場ではいろいろな店舗のユニフォームを持っていました。例えばＤコーヒーだったり、Ｇフードだったり、Ｍフードだったり、Ｆフードだったり……。私は職場でユニフォームをかばんに入れて、店舗につくと店舗内のトイレや厨房などでユニフォームを着用し、店員のように振る舞いながら、サンプリングや検査を進めていました。時には、レジ近くで、「いらっしゃいませ。こんにちは」と声を出したりもしていました。検査に来られているとお客様に思われると、店舗にもお客様にも必ずしもよいイメージではないと思ったので、店員のように振る舞いながら、サンプリングや、店内の衛生チェックをしていたのです。

量販店のサンプリングに行く際にはサンプリングした食材等を入れるサンプリングバッグが必要で、温度による食材劣化・変質、微生物増殖を防止するためにもドライアイスを持ち運んでいました。相当重たくなります。量販店まわりは、公共交通機関しか使ったことがありません。夏場ですが、当時は外勤時にネクタイを着用していましたし、重たい荷物を持ち運び、汗びっしょりで仕事をしていました。今となっては良い思い出です。もう20年近く前の話です。

6.2　食品検査と技術

6.2.1　マーケット

食品検査の市場はグローバルでは日本円で3,000億円以上、日本国内で少なくとも300億円以上のビジネスになると思います。少し古いデータになりますが、富士経済が2009年にまとめた食品検査市場に関するレポートによると、事業収入が分かる主要受託分析機関（当時の日本食品分析センターや日本冷凍食品検査協会など）15施設の事業収入の合計が234.4億円になるそうです。食品検査機関は15施設以上、全国にあります。小規模のものを含むと150機関以上はあるのではないかと思います。また食品検査は受託分析機関だけでなく、自社検査、行政検査もありますので、当然、食品検査としての市場規模はもっと大きくなると思います。いくつかの試算により、市場規模の見方は異なりますが、2009年当時で日本国内では300～600億円規模のマーケットだったと思います。現在の市場規模は増えているのか減っているのか、微妙ですが、ダイナミックに増えてはいないと思います。そうしますと、今でも300億円の市場規模は少なくともあるのではないかと思います。

食品が安心して食べられるか否かを知る上で、食品検査が大きな手がかりの一つとなります。ですから市場規模としても一定の大きさを持っていると思います。

食品の検査は行政機関の検査と民間の検査があります。

行政においては、消費者の不安を払拭するため、年間監視指導計画を立て、各種食品分析を行っています。輸入食品に関しては、厚生労働省にて毎年、輸入食品監視指導計画を立て各検疫所にて検査を実行しています。平成29年度については99,455件のモニタリング検査があり、加えて検査命令対象品目の検査があります。また同様に、各地方自治体においても独自の監視指導計画を立て、各自治体管内流通食品の検査を行っています。

民間で実施される検査は、食品企業自らが、自主的に安全性を担保するべく検査する場合や外部の食品分析機関に委託する場合もあります。現在、登録検査機関として平成30年8月21日現在で104機関が厚生労働省に登録されていますが、食品分析機関はこの限りではありません。

私自身は、かつて厚生労働省登録検査機関（当時は厚生省指定検査機関と呼ばれていました）に勤務し、民間の依頼検査や、行政から委託された検査を行っていました。

6.2.2 登録検査機関制度

かつて、行政検査を公益法人に委託していた指定制度は、指定対象となった指定検査機関が公益法人に限定されており、官需が公益法人により独占される状況にありました。行政と公益法人の関係がわかりにくいとの指摘もあり、その後、一定の検査能力を備えれば、株式会社のような民間法人であっても厚生労働省登録検査機関として登録し、行政検査の代行ができる登録検査機関制度に2004（平成16）年2月移行しました。

しかし実態としては、現在でも公益法人が、輸入検査のシェアの大部分を占めており、民間企業は苦戦する傾向にあるようです。実際にある大手の受託分析機関（民間企業）が平成30年に、食品衛生法で定める登録検査機関としての登録を取り下げています。その企業にとっては、登録することのメリットがあまりないと判断したのでしょう。

6.3 科学分析とは

6.3.1 科学分析は写真撮影に似ている

私は科学分析とは写真をとるようなものだと思います。もともとは15年ほど前に、横浜国立大学のある先生が、そのようなことをおっしゃっていたのを聞いて、そのとおりだと思って、そういう気持ちで、その日以来、私は科学分析を行ってきました。対象物の「その時点の状態」を撮影するように、その分析対象物の状態を何らかの数値として記録するわけです。

6.3.2 実験室はキッチン

私が学部４年生の卒業研究で指導を受けた小川宏蔵教授は、若いころカナダの大学に留学されていたそうです。そのとき、実験室（ラボ）のことを「キッチン」と呼んでいたそうです。化学実験は、いろいろな薬品を組み合わせいろいろな化学物質を作ったり、分解したり、加工したりします。それは、まるで料理のようです。ですから、実験室のことをキッチンと呼んでいたのでしょう。小川先生からその話を聞いてからというもの、私は実験をするとき、ラーメンを作っているような感覚にしばしばなります。

料理がうまい人は、化学実験も上手だと思います。料理のセンスと化学実験のセンスは通じるものがあると思うからです。センスがない人は、見本となる方法に倣って練習するしかありません。練習しているうちに、なんとなく手際よくなっていくように思います。練習して腕を磨くしかないのだと思います。

6.3.3 腕を磨くということ

分析やなにかしら実験をする人は、その技術の腕を磨いていくことで、その人自身も光り輝くと思っています。技術も教養も、お金では買えません。自分で努力して身に付けるものです。だからこそ尊くて、光り輝くものだと思うのです。私自身は、実験室で、実験を行う時間が、若手の時と比べて減りました。しかし腕を磨くという気持ちを忘れないようにしたいと思っています。「“誇り”だけは持っているけれど、成長が止まって、まるで“埃”をかぶって輝きを失う」ようにはならないようにしたいと自分自身を戒めています。

私は、とても勉強熱心な技術者、研究者をたくさん知っています。かつて培った技術だけに固執するのではなく、最新の知識・技術も常に取り入れ、かつ、必要に応じて、これから自身が取り入れたい技術を、いつになっても学んでいく、そんな多くの技術者、研究者のみなさんと出会うたび、勇気づけられ、鼓舞される思いです。新しいことを学ぶと、楽しいですし、視野がまた広がっていきます。

私は、技術に携わる者は「積分」より「微分」が大切ではないかと思っています。私は、「微分値はプラス」でいくという気概を持ちたいと思っています。人生いろいろですから、元気がでないときもあります。そんなときは、微分値がマイナスになりそうですが、「現状維持」と言い聞かせています。現状維持も簡単なようで、けっこう大変です。

6.4 食品の化学分析

6.4.1 残留農薬分析と質量分析計の普及

わが国では約800種類の農薬等について、平成18年にポジティブリスト制度が導入されました。ポジティブリスト制度とは、原則規制（禁止）された状態で、使用・残留を認めるものについてリスト化する制度です。この新しい制度では135の農産物分類と799の農薬等について、約100,000の残留基準が設定されました。また加工食品を含むすべての食品に対して、基準値が設けられていないものについては一律基準として0.01 ppmと定めました。

食品検査の現場では、この数値レベルを確保し、検査を効率よく行うことが求められることとなります。しかし食品中に残留する農薬類の微量分析を行う際には、複雑かつ多量の食品成分の影響により低濃度域での検出限界が得にくい場合があります。広く利用されていた分析機器にガスクロマトグラフ（GC）や高速液体クロマトグラフ（HPLC）がありますが、これらでは感度が得られない場合があり、同時に一斉分析できる項目に限界があるため検査の効率の上で弱点がありました。そのため食品中の農薬・動物用医薬品など多項目の分析項目を一斉に定量分析できる技術として、質量分析計（MSもしくはMS/MSなど）が注目されることとなります。**ポジティブリスト制度の導入されたことが要因の一つとなって、GC-MSやLC-MSといった質量分析計を利用した分析機器が急速に食品分析の現場でも普及**するようになっていったと私はみています。質量分析計の普及はGC-MSがまず普及し、その後、遅れてLC-MSが普及していきます。**LC-MSの普及のきっかけはメラミン事件の影響が大きかった**と思います。

6.4.2　メラミン事件とLC-MS

○背景

2008年9月、中国政府よりメラミンが不正に混入された乳幼児用調製粉乳による健康影響が報告されたことを契機に、わが国を含む世界各国で中国産乳・乳製品等からメラミンの検出が社会的問題となりました。これは見かけ上の蛋白含有量を増やす目的で、工業的に使用されるメラミンが数ヶ月にわたり故意に添加されていたことによる事件でした。中国では、乳製品等の蛋白含有量を窒素の含有量として測定していたために、窒素量を増やそうとして工業用のメラミンを蛋白含有量の偽装に用いたのです。

米国においては2007年3月に、中国産の原料を用いたペットフードを与えたイヌ・ネコが死亡する事件が発生したことがありました。この際に原料からメラミン及びシアヌル酸などトリアジン化合物が検出されています。この事件でもメラミンが故意に添加されたと考えられています。また死亡したペットの病理解剖所見等からメラミンとシアヌル酸が同時に存在することで結晶が生じて、腎臓機能障害をもたらしたとされています。

さて、2010年7月10日付のニューヨークタイムズの記事によると、メラミン汚染乳製品が76トン押収され、一部の製品は基準値の最大559倍であったとの報道があります。2008年のメラミン問題以降も、しばらくメラミン汚染製品のリスクが残っていました。2010年7月6日にはWHO（世界保健機構）とFAO（国連食糧農業機関）によって設置された組織であるコーデックス委員会において、乳幼児用調整粉乳のメラミン最大基準値を1 mg/kg、その他の食品及び飼料については2.5 mg/kgと設定しています。

○分析方法

2008年のメラミン事件に対するわが国の食品検査ですが、厚生労働省は2008（平成20）年10月2日付けで「食品中のメラミンの試験方法について」（食安監発第1002003号）を通知し、この際に使用する分析機器としてLC-MS/MSを用いた分析方法が採用しています。LC-MS/MSの利用によって、HPLC（高速液体クロマトグラフ）、GC-MS（/MS）（ガスクロマトグラフ質量分析計）に比べて、より低濃度のメラミンの測定が可能であるためです。またLC-MS/MSシステムでは、GC-MS（/MS）の分析で必要な誘導体化が不要なため分析時間が短縮化できる利点がありました。

上記の「食品中のメラミンの試験方法について」では、定量限界0.5 mg/kg、相対標準偏差RSD＜10％を求めた内容になっていました。食品試料由来のさまざまなマトリックス下にて正確な分析を可能にするために、選択性の高い高感度分析が可能なLC-MS/MSが分析技術として求められたのです。各食品分析機関で、当時LC-MS/MSをまだ導入していない機関もありましたが、このメラミン事件をきっかけにLC-MS/MSを導入した機関は少なくありません。

6.4.3　安定同位体比分析と「産地・原材料の判別」

○安定同位体比

原子の中には陽子や中性子や電子があることを理科の授業で勉強したという方も多いと思います。同じ元素（例えば炭素は炭素）でも、電子の数は同じなのに、中性子の数が異なるため、重さが違う元素があります。このような元素を同位体といいます。同位体には不安定なために放射線を出す放射性同位体というものもありますが、放射線は出さないで自然界に安定的に存在している安定同位体（SI：Stable Isotope）というものがあります。このSIは別名silent isotopeとかsafety isotopeとも言われるほど、普段は目立たなく、安全は同位体（アイソトープ）です。安定同位体をもつ分子は反応速度や移動速度が異なります。したがって自然界では生成・循環経路の違いによって、安定同位体の比率である「安定同位体比」がわずかに変動します。これを同位体効果と呼んでいます。

安定同位体はわれわれの身体を含め、自然界で安定して存在しています。人体の場合、^{2}H、^{13}C、^{15}N、^{18}Oなどの安定同位体はわれわれの身体を構成する成分に含まれています。炭素の場合、私たちの身体は圧倒的に^{12}Cの炭素（質量数が12の炭素、別の言い方をすると陽子が6個、中性子が6個からなる炭素）からなり、体重50 kgの人は11.4 kgの^{12}Cを持っています。しかし炭素は炭素でも^{12}Cの安定同位体の^{13}Cの炭素（質量数が13の炭素、別の言い方をすると陽子が6個、中性子が7個からなる炭素）も私たちはもっています。圧倒的に多い、「普通の炭素」の^{12}Cよりも中性子が1個多い分だけ、「少し重たい」炭素です。この少し重たい炭素を体重50 kgの人は137 gもっています。同様に、圧倒的に多い、「普通の水素^{1}H」、「普通の窒素^{14}N」、「普通の酸素^{16}O」に加えて、重たい水素^{2}H、重たい窒素^{15}N、重たい酸素^{18}Oも私たちの身体を構成しています。

○産地・原材料の判定

食品の産地については国内外でその表示を偽装した事件が多発していますが、これらに対して、産地判別を科学的に行える手法としては、安定同位体比質量分析計や高周波誘導結合プラズマ質量分析計（ICP-MS）を利用することがあります。これは産品固有の同位体比・微量元素比をいわば「指紋」として扱い、偽装を暴くものです。産地の環境や生産方法、原料そのものに影響を受ける同位体比や微量元素比は、産品ごとに固有の組み合わせになるので、真正品のデータベースと比較することで産地を判別することもできます。すでに食品の添加物判定や原材料判定あるいは香料等の天然品/合成品の判別などにも応用され食品の安全性と信頼性に寄与しています。

質量分析によらない方法としてはDNA解析もあります。しかしDNA解析では品種の特定はできても産地の違いはわかりません。同位体比や微量元素比による手法では、同じ品種であっても同位体比の精密なデータベースを作成することによって産地の違いを特定可能となるため、産地偽装表示への有力な対策として着目されている技術です。例えば日本で品種改良開発された青果物の苗が他国に流出し無断で栽培された場合、DNA解析では同じ品種としてその産地は判別できませんが、同位体比や微量元素比を用いれば科学的に産地の違いを判別することができることになります。

ところで、私たちは食品の産地には関心が高いと思いますが、同じく口に入れる飲み水・水道水の産地にはあまり関心が高くないように思います。蛇口をひねるとあたりまえのように流れ出てくる水道水の原水はどこの水なのか。もうすこし関心を持ってもよいのではないかと、私は授業でいつも話しています。原水に思いを寄せれば、河川や土壌と言った環境を大切にする気持ちが高まるようにも思います。

○古代食解明への応用

ところで安定同位体比は、産地判別だけでなく、古代食の解明にも有効なツールです。土器に付着している黒色付着物は、古代の人が食品を煮炊きしてできたコゲの可能性がとても高いと考えられます。各食品（群）は、植物なら光合成の経路の違いからコメのようなC3植物とアワのようなC4植物といった分類に分けられますが、代謝経路の違いによりC3植物とC4植物とでは、安定同位体比が変動することがわかっています。このことを利用すると、土器に付着しているコゲの安定同位体比を分析すると、どういった食品群を起源とするかがある程度わかります。しかし、その前提として、そもそも調理前後で変動をしないのかを調べる必要があり、現在調べています。今のところ、（魚類がC3植物の分類にシフトするといった）食品群を超えてまでの変動はなさそうだという結論を得ています（図6-1）。

6.4.4 「異物分析」

食品企業にとって、異物混入は高い関心事となっています。これは**異物**

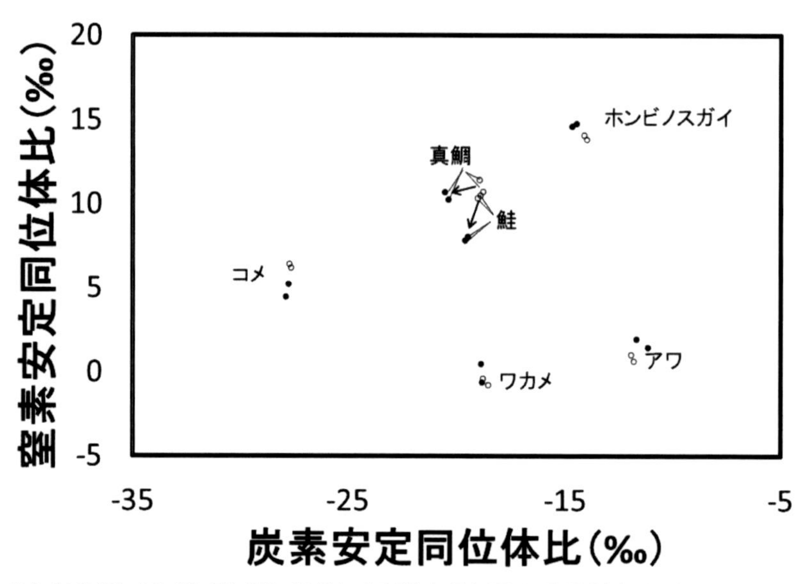

出典：「大道 公秀，小林 孝洋，西念 幸江，三舟 隆之，中下 留美子，鈴木 彌生子：調理後残存炭化物の炭素及び窒素安定同位体比分析から古代食解明を目指したパイロットスタディー，日本食品化学会会誌 25(1) 45-52，2018」の図を一部改変

図6-1　各食材の炭化前後での安定同位体比の変動
(○は調理前、●は調理後炭化物の安定同位体比)

混入が食品営業事業者にとって食品の健全性と安全性の点で消費者からの信頼を失いかつ製品の回収や取引の終了など経済的に大きな損失を生んでしまうからです。またPL法も追い風となって異物混入対策が進められきた経緯もあります。近年、異物対策への関心はますます高まっています。

異物分析は未知試料の分析であるため、まず顕微鏡などで外観観察を行います。外観観察により明らかに金属と考えられるもの以外についてはフーリエ変換型赤外吸収スペクトル測定装置（FT-IR）により定性が可能となります。他にも電子線マイクロアナライザー、熱分解ガスクロマトグラフィー、微小部X線分析装置などを利用することもできますが、なかでもFT-IRは実際の分析では必要不可欠とされています。FT-IRは異物の赤外吸収スペクトルと既知のものとを比較し、異物の成分を特定するものです。FT-IRは、かつては波長を変えながらの測定だったため長時間の分析が必要でしたが、現在はコンピューターと信号処理技術の発展により迅速かつ高精度な分析が行われるようになっています。近年は既知の成分のライブラリー化が進み、機械的に異物の特定に関する情報を得ることができるようになるまで進化しました。さらに顕微鏡により視野を狭め分析を行う顕微FT-IRの手法が汎用化されています。

異物分析では、可能な限り非破壊で迅速に異物を判別することが期待されていますが、ある条件設定によりステージにのる限りは、非破壊分析が可能となります。FT-IRは赤外線を試料に照射し赤外吸収スペクトルを測定し分子構造を検知する分析手法ですが、同様に振動分光法の原理を応用し、レーザー光を試料に照射し試料から派生するラマン散乱光を集光及び分光して得たラマン散乱スペクトルから成分の特定を行う手法も新しい異物分析手法として着目されてきています。ちなみにラマンの名はこの現象（ラマン散乱）を発見したインドの物理学者Raman先生に由来し、Raman先生はアジア人として初めてノーベル物理学賞を受賞しています。

さて、異物が金属という場合には、電子顕微鏡に取り付けられたX線検知器によって金属の定性を行うこともできます。

受託分析機関でも保健所でも、異物分析の相談は増えていると現場の分析者の方はよくお話されます。消費者の意識として、より微小な異物への関心が高まってきているようです。

6.4.5 「栄養成分分析」

一般的に食品検査というと健康被害をもたらし得る食品中のある物質の濃度を調べることですが、一方でわれわれの健康状態を良くするような機能性食品の開発とその評価にもまた、分析機器が活躍しています。機能性食品の開発は食品企業等で競ってなされていますが、栄養成分・機能成分の測定にはその対象と測定範囲によってGC、GC/MS（/MS）、LC、LC/MS（/MS）が利用されています。またミネラル分析においては原子吸光分析計や、高周波誘導結合プラズマ発光分析計（ICP）、高周波誘導結合プラズマ質量分析計（ICP-MS）が利用されています。

また生体内での作用点や化学反応等を調べるために、高精度な精密質量測定が可能である質量分析計の利用により代謝物の構造推定に用いられることもあります。

6.4.6 「微量元素分析」

金属分析には原子吸光分析計や、ICP、ICP-MSが用いられます。最も高性能なのはICP-MSです。食品にとどまらず水質分析にも広く適用されています。ICP-MSは70種類以上の元素を一斉に分析でき、ダイナミックレンジも8～9桁まで測定可能で、元素分析領域においてもっともハイエンドな機種の一つです。

もちろんルーチン検査において原子吸光分析計やICPの役割も過小評価はできません。原子吸光分析計は安価で目的の元素のみ吸収スペクトルを得るため、分光干渉の影響を受けずに定量ができます。一方で化学干渉の注意は必要です。

ICPについては化学干渉やイオン干渉が少なく高マトリックス試料に対しても妨害を抑制できます。さらに原子吸光分析計が個別に元素を測定するのに対して、ICPは70種類以上の多元素を一斉に分析できるためルーチンにおいて広く活用されています。一方で分光干渉には注意が必要です。ICPはマルチ型とシーケンシャル型があります。シーケンシャル型は逐次測定のため測定時間が長くなる一方で分解能が高く、マルチ型は測定元素が多くなるほど分解能が落ちるとみなされていました。しかし、近年は光学系技術の進歩によりマルチ型とシーケンシャル型の分解能の差は縮まり、短時間で高感度測定が可能となるまで技術は進歩してきています。

6.5 細菌検査

6.5.1 まず菌を増やすこと

個々の菌は肉眼的には小さすぎて肉眼では確認することができません。そこでそれぞれの菌を人工的に増殖させ、ひとつの集団（コロニーと呼ぶ）を、肉眼的に見えるようにします。この操作を培養（ばいよう）といいます。菌は生き物ですから、食べ物（栄養）がなくては生きていけません。菌の食べ物（エサ）となるものを培地（培養基）といいます。培地は栄養素（炭素・窒素・無機塩類・ビタミン類など）を水に溶かし、pHや浸透圧といった条件を整えたものです。この培地に菌を接種して、菌が増殖しやすい条件で一定時間、置いておくと、菌が増殖したらコロニーが肉眼で見えます。培地には液体培地と固形培地がありますが、増殖した菌を肉眼で見るためには、固形培地が用いられます。固形培地とは、シャーレ（円形の平皿）の中で、「菌のエサ」が固まっているものです。

なお、世界で初めて、肉眼で菌をみたのは、ローベルト・コッホと言われています。コッホは固形培地を使って菌を培養しコロニーを確認することに成功した人です。コロニーになると目に見えます。そのコロニーをとって、動物に接種し、病気になれば、(コロニーがひとつの菌からはじまった菌の塊ですので、）その菌が病気の病原菌ということになります。この手法を利用し、コッホは結核菌やコレラ菌を発見していきます。

6.5.2　雑菌の混入を防ぐ

細菌検査では、調べたい菌だけは増殖し、それ以外の菌は発生しないようにしたいものです。そもそも、いろいろな菌が、実験者自身をはじめ環境中のいたるところにいますので、それらの菌が混入しないように、実験は進めなくてはいけません。まず、あらかじめ使用する器具や培地は無菌的になるように滅菌しておきます。実験操作中も無菌操作が必要です。

6.5.3　食品微生物検査

食品の微生物汚染の状況や品質を評価するため、よく調べられる代表的なものに「一般細菌数」、「大腸菌群」、「大腸菌」、「黄色ブドウ球菌」、「サルモネラ」などがあります。このほかにも、規格基準がある微生物などが調べられています。

6.6 食品検査のこれから

食品の安全性を担保する上ではさまざまなアプローチが存在します。その一つが食品検査であり、検査を行うことで安全性を損なうような事例を未然に防ぎ得る抑止力として効果があります。さらに事業者が消費者の信頼を獲得し、業績の向上に寄与できることも事実です。食品企業にとって食品検査とは消費者の信頼を得るツールです。**食品検査が、製品のブランド力を高め、かつ消費者の信頼を高め、結果的に食品営業者にとってそのビジネスとしても成功することとなる**と思います。

6.7 思わぬところで思わぬ時間に食品衛生の仕事

6.7.1 思わぬところに実験室がある

思わぬところに食品分析を行う実験室があります。例えば私の勤める東京医療保健大学医療保健学部医療栄養学科は、世田谷区世田谷という住宅街にある大学です。その大学の中に実験室があります。地域の住民は思いもしないかもしれません。

遊園地にも実験室があります。夢のない話をして申し訳ありません。とても有名なある遊園地の壁の向こう側は運営会社の社屋です。その社屋の中には品質管理室として実験室があります。食品異物のクレームがあったら、すぐに対応できるようFTIRといった高価な機械もあります。

山手線の沿線のとても大きな駅前の、某有名百貨店の中にも実験室があります。やはり食品異物のクレーム対応もありますが、品質管理の為の実験をする設備が整えられています。

空港の中にも実験室があります。例えば成田空港検疫所の実験室もその一つです。この実験室の窓の向こう側には飛行機が見えます。飛行機好きな私だったら実験に集中できなさそうです。ちなみに実験室に至る通路には航空会社の事務所もあります。当然CAはじめ空港関係者が出入りしますが、私なら実験室までの出勤中でも、すれ違いざまにいろいろよそ見をしてしまいそうです。

大きな市場の中にも実験室はあります。東京都豊洲市場新設に伴い、移転してしまう東京都築地市場の中にも実験室があり、市場で流通する食品の検査等を行ってきました。

6.7.2　思わぬ時間に食品衛生の仕事

以前、東京都の（築地）市場衛生検査所の所長をたまたま、平日の15時頃に渋谷駅のホームで会ったことがあります。仕事帰りのご様子でした。市場衛生検査所の仕事は、朝はとても早いので、勤務終了時間も、勤務シフトによるのでしょうが、早朝から勤務の人は当然、17時より早くに終わります。

市場衛生検査所の仕事は朝、午前4時から始まります。水産物や青果物がセリにかけられる前の卸売場で、入荷食品のチェックを行う早朝監視という仕事があります。その後も卸売業者から仕入れた食品を小分けして販売する仲卸業者や加工業者の店舗を巡回するなどの監視があります。

卸売場で働く人々の勤務時間はおおむね夜明け前から正午ごろです。その時間帯に合うように食品衛生監視の仕事が行われています。一方で市場衛生検査所の実験室内では衛生検査の仕事をする人もいます。そういう方々は必ずしも早朝からの勤務ではありません。

築地市場のような市場は、仕事は朝早くからですが、夜に食品衛生の仕事をする人もいるようです。新宿区は夜間営業の飲食店が多い地域です。そのため、そういった飲食店の衛生管理状況の確認と指導のために、新宿区の食品衛生監視員（公務員）は、夜間に飲食店に巡回指導に出向くことがあります。

福岡の街は「屋台」が有名で、私も福岡出張の時に屋台で一杯やりながら、食事をしたことがあります。福岡市保健所の食品衛生監視員はこういった「屋台」への巡回指導を、「屋台」の営業時間である夜間に行うこともあります。

このように思わぬところで、あるいは思わぬ時間帯に、食品衛生のための実験・検査あるいは、指導等が行われ、私たちの食の安全を担保するための営みが繰り広げられています。

参考図書・資料

（市場分析関係）

- 富士経済：2009 食品検査市場，富士経済，2009
- 日本能率協会総合研究所：MDB市場情報レポート：食品検査サービス http://www.jmar-bi.com/report/084R0940.html（2018年9月14日閲覧），2009
- アールアンドディー：科学機器年鑑　2010年版，2010

（分析関係）

- 日本食品衛生協会：食品衛生検査指針　2015年版，2015
- 食品科学工学会・食品分析研究会共同編纂：新・食品分析法（II）、光琳，2006
- 松井利郎，松本清：食品分析学　機器分析から応用まで、培風館，2006
- 日本工業出版：食品の安全・安心を守る分析・評価技術―食品分析・評価装置のすべてがわかる、日本工業出版，2008
- 前田昌子，今井一洋編著：コアカリ対応　分析化学　第3版、丸善出版，2011
- 吉田信史，谷口亜樹子：基礎化学と生命化学，光生館，2014
- 桑原祥浩，上田成子編著（澤井淳，高鳥浩介，高橋淳子，大道公秀著）：スタンダード人間栄養学　食品・環境の衛生検査，朝倉書店，2014
- 大道公秀：食品検査と分析機器，バイオインダストリー，26(9)，24-30，2009
- 大道公秀，秋山賢一郎，中野辰彦：同位体比分析による産地・原材料同定へのアプローチ、フードケミカル，vol 26(8)，pp 94-97, 2010
- 大道公秀，山岸陽子，中野辰彦：LC-MS/MSを用いた食品中のメラミン分析、フードケミカル，vol 26(10)，pp 89-94，2010
- 大道公秀，小林孝洋，西念幸江，三舟隆之，中下留美子，鈴木彌生子：調理後残存炭化物の炭素及び窒素安定同位体比分析から古代食解明を目指したパイロットスタディー，日本食品化学会会誌 25(1) 45-52，2018

第7章

新しい課題

7.1　食品テロの脅威

7.1.1　フードディフェンスという新しい概念

私が、食品を利用したテロ（いわゆる食品テロ）対策に関するこの項を書く端緒になったのは2004年に厚生労働科学研究「食品企業における健康危機管理に関する研究」の中の分担研究「欧米における食品バイオテロに係る危機管理の実態解明に関する調査研究（分担研究者：松延洋平先生）」のお手伝いをしたことに始まります。以降、この問題に関心を寄せてきました。食品テロ対策は、今日では「フードディフェンス」という概念で知られています。

フードディフェンスという概念が初めて、一般に向けて広く伝わったのは、私の知る限り、2008年4月20日の朝日新聞朝刊（37面）の記事でないかと思います。この中でフードディフェンスを健康被害の可能性のある微生物や化学物質などの異物を意図的に食品に混入することを防ぐ概念と紹介されています。フードディフェンスとは、言い換えると食品を利用したテロ（食品テロ）対策ということもできます。WHO（世界保健機構）では**食品テロを「人が消費する食品に対し、一般市民に危害を与えたり死に至らしめたり、あるいは社会、経済、政治の安定を妨害する目的で化学物質、生物学的危害物質、放射性核物質を用いた意図的な汚染または脅威」と定義**しています。

「食品テロ」という言葉を、2004年8月にある発表会の準備でグーグル検索をすると、わずか51件のヒットだったと私は記録に残しています。それが私の記録では、2012年4月には約5,500,000件がヒットするようになっています。食品テロの言葉が国内で知れ渡るのは2008年頃ではないかと思います。その大きな要因は中国産冷凍ギョウザ事件だったと思います。この事件は、2007年12月から08年1月にかけ、天洋食品（中国）製造の輸入冷凍ギョーザを食べた計10人（千葉、兵庫県）が下痢などの中毒症状を訴えたもので、調べたところギョーザから殺虫剤メタミドホスが検出されたという事件でした。メタミドホスは天洋食品元臨時工員が意図的に投与したもので、後に中国当局に逮捕されています。この事件が、食品テロ対策の必要性を事業者に促すことになったのではないかと思います。

米国は、2001年9月11日の同時多発テロ以来、テロ対策に力を入れてきており、食品を使ったバイオテロ（食品テロ）も脅威の一つとして考え、対策を進めてきています。この食品テロ対策を示す言葉でフードディフェンス（Food Defense）があります。この言葉は2007年ごろから米国で使われはじめた言葉です。

ちなみに、米国では、2007年ごろまでは意図的な食品汚染に関連する諸問題を指す言葉として、フードディフェンスではなく、フードセキュリティー（Food security）の用語が長く使用されてきました。バイオテロ対策ではバイオディフェンス（Bio defense）の言葉が使用されてきましたが、食品の分野では“defense”の単語が用いられてこなかったのです。「フードセキュリティー」の語は「食糧供給保証（健康で栄養のある食品を適切かつ確実に供給すること）」の意で長く使用されていることばです。そこで、言葉を区別するため、バイオディフェンスに対応する流れでフードディフェンスの用語が使用されはじめ、現在に至っています。

7.1.2　食品テロ対策

中国産冷凍餃子が原因と疑われる健康被害事件（2007年12月～）以降、わが国では食品テロ対策に関する関心が高まりました。

わが国の食品産業現場では長く、「性善説」に立脚した安全管理がなされてきました。しかしわが国で2008年9月になって発覚した「事故米の食用への転売問題」に象徴されるように「性善説」の限界に直面しはじめたのです。米国のようにいわば「性悪説」に立脚し、徹底した安全管理が求められようとする新しい潮流が、食品製造現場で生まれ、わが国でも安全管理体制の強化が進められてきています。

7.1.3　社会と環境

各食品事業者が、安全管理・フードディフェンスに取り組むことは重要だと思います。一方で、私は、そもそもテロリストを生み出さないような社会体制作りを行うことの必要性をも同時に唱えることも大切だと思っています。

さて、私は、食品テロ対策の社会と環境作りのために、①食品安全に関するネットワークの確立、②しくみとしての「HACCP」の導入、そして③「社会的弱者」(例えば貧困層・外国人・社会的少数者) の支援が必要ではないかと感じています。

①食品安全に関するネットワーク

ネットワークはａ) 国際的な枠組み、ｂ) 国内の枠組み、ｃ) 社内、部署内、チーム内といったローカルな枠組みについて、それぞれについて分けて論考する必要があります。

ａ) 国際的な枠組み

食品は各国間で輸出入が行われており、国際的なテロ対策として、国際的な枠組みが必要です。国際的には、WHOによるINFOSANと呼ばれるネットワークがあり、食中毒発生時には国際間で情報を共有するしくみを作っています。多国間で食品安全に係る情報の共有化をすることによって予防的な効果も期待できると思われます。また、欧州では食中毒発生時にはEU加盟国間で情報を共有できるRASFFと呼ばれるシステムを稼動させ対応をしてきています。このRASFFシステムは頻繁に情報が発信されています。情報の多さから、どの情報がどの程度重要かよくわからないという声も現場ではあるようです。一方WHOのINFOSANではRASFFほど情報は発信されません。情報はなんでもただ発信・共有すればよいという問題でもないと思います。**どの程度の重要性のものをどの程度の頻度で、どの範囲で発信・共有するか**というのも難しいものだと思います。アジア圏ではRASFFのような食品安全に係るネットワークはありません。アジアと欧州とは事情が違うので、適用は難しいと思いますが、食品の輸出入が頻繁になされる圏内では欧州のようなネットワーク作りが充実されても良いのではないかと思っています。国内外に限らずステークホルダー（食品安全関係者）間のネットワークの構築と適切で健全な関係の維持はフードディフェンスの有効な政策の一つとなるはずです。言い換えると**「なか**

ま」をつくり、交流するということになるのではないかと考えます。

b）国内の枠組み

国際的な枠組みでも書いたように、国内においても食品安全情報の共有は必要だと思います。また広域的な食中毒対策の強化はフードディフェンスの立場からも有効だと思います。平成30年6月に可決された食品衛生法改正案の中でも、広域的な食中毒事案の強化が示されています。また、最近では2018年5月25日～6月2日に福島・茨城、埼玉、東京の広域的な範囲で発生したO157による食中毒も、原因食材として千葉県内農場のサンチュと、早い段階で発見したことがあり、行政対応がより広域的に対応できる体制に進化していると想像できます。

萌芽的なアイデアとしては、インターネット上で発信され、分析ができる莫大な情報である「ビッグデータ」を使って、いち早く危険を察知することもできないだろうかと思ったりします。検索データからインフルエンザの流行をある程度予測できるという話を聞いたことがあります。Twitter などSNS上でリアルタイムに発信される莫大な情報から感染症早期発見の研究も進められているようです。情報通信技術（ICT）の進歩は、広域的食中毒対策やフードディフェンスにも役に立ちそうな予感がします。

c）社内、部署内、チーム内といったローカルな枠組み

2007年末から2008年に起きた「中国産冷凍ギョウザ事件」も2013年末に国内食品企業「アクリフーズ」で発生した農薬混入事件も従業員による意図的な農薬の混入でした。従業員の職場への不満が事件を起こさせています。事件を起こした犯人は当然、罰せられなくてはいけません。しかし、犯人を取り巻く、社会というものはどうだったのかも考えなくてはいけないのだと思います。

社内、チーム内で情報共有が十分でないと感じる人は多いようです。仕事の生産性は社内コミュニケーションによるという調査結果もあります。生産性の向上のためにも、コミュニケーションがあり、その基盤のうえに**信頼関係**が生まれるのだと思います。そして信頼の次に、「なかま」になる感情が生まれるのではないでしょうか。「なかま」を困らせたいと思う人は

いなくなると思うのです。

上司は、やはり現場におもむくべきです。少なくとも私は、会社員時代に上役が、様子をみにきてくれたらうれしかったです。そして従業員を何らかの形で「承認」してあげるべきだと私は思います。

私も社会人経験が長くなると、パワハラだなと思うことを経験したことがあります。そして思うのは、パワハラをする人はよくないけど、その人にそのような言動をさせてしまう、会社、あるいは社会も問題だと思うのです。ずいぶん昔の話ですが、これはパワハラではないかと思うことがあり、会社の人事部長にお話したことがあります。私は、「その人」が悪いのではなく、「その人」にそのような言動をさせてしまう、背景を考えてほしい。パワハラを起こさせる組織が悪いのではないかと思うとお話しました。人事部長は、フムフムとお聞きになられ、少し不思議そうな顔をしているようにも見受けられました。私の思いが通じたかは不明です。

フードディフェンスに話を戻すと、悪意を持って、食品に毒を混入しようとする人はもちろん悪いのだけれども、そういう行動を起こさせるような社会はどうなのだろうかとも考える視点も必要だと私は思うのです。

フードディフェンスは労務管理だとも思います。あるいは従業員の心のケアといえるのかもしれません。従業員を大切にするような会社で働く従業員は、商品である食品もお客様も大切にするのだと思います。

読者で企業にお勤めの方がおられましたら、チームで食品衛生教室や、健康管理講座の開講を職場で提案されてはどうでしょうか？　講座ではグループワークを取り入れるとなお、チームづくりに効果的だと思います。まずは、みんなで集まるということも大切だと思います。私でよろしければ講師でお伺いします。レクリエーションの方が楽しいかもしれませんが、勉強会でしたら業務の一環として会社でできるかもしれません。大切なのは、職場・組織・チーム内のメンバーとの信頼関係をお互いに築くことだと思います。誰かが孤立という状態がないようにする努力も必要だと思うのです。

②しくみとしての「HACCP」

私は、HACCPシステムは、食品衛生管理のしくみとして、とてもよい仕組みだと思っています。HACCPシステムの導入は大規模な工事も必要としませんし、どのような業態・規模でも適用可能なものです。原材料の受け入れから最終製品までの各工程の危害要因を分析し、危害の防止につながる特に重要な工程を継続的に監視・記録するというHACCPシステムをしっかりと実行することの延長線上にフードセーフティーとフードディフェンスがあるのだと私は考えます。フードディフェンスといって身構えるのではなく、**通常の衛生管理をしっかり地道にやることが基本**にあると思っています。

③社会的弱者への支援とは

社会が二層化し、さらに多層化した先には、集団間あるいは個人間の不平等感が生まれる可能性があります。その不平等感が敵対意識に発展する可能性は十分あります。さらにテロの要因に発展する可能性ですらあるのではないかと私は考えます。

「社会的弱者」とされる集団や個人が「強者」と捉えた集団・個人に経済的あるいは政治的な脅威や危機感を覚えたとき、前者は緊張状態あるいは敵対的感情を抱くこととなるように思います。そのいわば緊張状態によって、後者（「強者」）は前者（「社会的弱者」）からの脅威と危機感を覚えることとなるのではないかと思います。そうした緊張感の高まりあいが、テロ発生要因の一つにもなるように感じています。

私は平和な社会をつくるためには、二層化あるいは多層化を引き起こさない方が良いと思っています。言い換えると格差が拡大しないさまざまな**支援や法的な整備**が必要であると思うのです。このことが食品テロに限らない、あらゆるテロ対策に繋がるように思っています。

各食品事業者においては、管理体制の強化は現況においては当然なされるべき対策だと思います。しかし一方でテロリストを生み出さないような社会政策とは何かということもわれわれは思慮するべきではないでしょうか。このような視点を、国家レベルの問題としてだけとらえることなく、身近な社内、部署内にも向けると、また職場の雰囲気も変わるのではないでしょうか。社内に、部署内に、支援が必要な人はいないでしょうか。支援が必要な人とは、「思い悩んでいる人」と言い換えてもいいかもしれません。**思い悩んでいる人がいれば、そっとその方の隣に足を運び、思いを寄せてみることが、私のフードディフェンスの一つのかたち**です。

7.2　新しい課題としての食品と放射能

7.2.1　原発事故直後

大震災直後のことを思い出してみることにします。その当時の様子について日記として記録を取っていました。日記から読み取れる当時の様子を紹介し、記録にとどめたいと思います。

2011年3月11日の東日本大震災により、東京電力福島第一原子力発電所の原子炉が部分的に破壊され、発電所周辺の環境中に、放射性物質の拡散のリスクが生じました。原子力発電所の状況が、当初政府から報道された内容から、芳しくない方向にニュースが報道されるにつれ、私は食品衛生上、大変なことが起こる予感がしていました。3月14日～16日、私の不安は高まり、当時在職していた会社では放射線検出器のメーカーでもあったので、グローバルチームに、各種情報問い合わせを試みようとしました。情報収集の準備を始めようとしたのです。そのとき、私は、ある同僚から「まだ、早い。様子を見たほうが良い」と言われたことをよく覚えています。この感覚は政府や行政官や東京電力関係者にはもっと多かったと思います。一民間企業の社員が、事態の楽観的推測をしていたのですから、政府関係者は、保守的な対応をしたがったと私は予想するのです。

3月17日、厚生労働省食品安全部から「放射能汚染された食品の取り扱いについて」の通知が出され、英文版まで出されました。私は政府が動き出したことに大変驚きました。そして、まず風評被害のことを考えました。損害賠償のことも考えました。健康影響のことはその次でした。なぜなら健康影響が出るほどの環境汚染はないだろうと当時、私は思っていたのです。原発安全神話を私は信用していたことを私は認めなくてはなりません。日本の原発は安全だと信じていたのです。日本の原発が健康影響に害を与える事態はまず発生しないと私は信じていました。大学生の時に美浜原発に見学に行ったこともありますし、東海村の原子力研究所に20代前半の頃見学に行ったこともあります。原発はすごい。安全だ！　そうして安全性についてまだ信用しきってきたのです。

3月17日の厚生労働省食品安全部の通知の背景には、深刻な環境中の汚染に関する情報を政府は掴んでいたのだと私は今となっては推測します。

通知の翌日から当分の間、食品中の放射能測定に関する問い合わせ対応に時間を割きました。まず翌日の朝、日本を代表する大手商社の食品担当者からの電話を私は受けました。検査の仕方、どこで検査をしたらよいのか？といった内容でした。検査機関の多くも厚生労働省の通知への対応がすぐにはできないところが大半でした。当時の私の把握では翌日（3月18日）に放射性ヨウ素と放射性セシウムについて検査受付していた食品検査機関は、具体的名称は差し控えますが、2機関だけだったと思います。

私は、会社のグローバルチームに厚生労働省の通知の英文版を送り、情報収集を呼びかけました。その後、アメリカ本社の担当者からFDAの対応やThe Association of Food, Beverage and Consumer Products Companies によるガイダンスを送ってもらいました。米国では迅速に、問題整理をしている印象を私は持ちました。

諸外国では、検疫を強化しました。私の印象では、国内より諸外国で危機意識が強い印象を当時感じました。

各国の規制は、各国の判断によるものですが、日本国内での規制よりも、厳しくみている場合があります。国際的には、コーデックスの規格が判断基準の参考にされるもので、規制・規格に関しては国際的にはICRP、WHO、IAEAの評価があり、さらにその背景に科学的根拠があります。しかし各国の対応は科学的よりも政治的な対応が目立った印象を私は持っていました。

7.2.2 内閣府食品安全委員会第373回会合

2011年3月25日、私は、内閣府食品安全委員会第373回会合を傍聴しています。議題は食品中の放射性物質の指標値に関する話でした。

その当時の私の日記が残っていましたので、当時の私の感情を含め、その様子を紹介します。

前週に、厚生労働省は食品中の暫定指針値を発表していましたが、3月20日に厚労省は食品安全委員会に健康影響評価の諮問を出し、その週から食品安全委員会で議論されていたのです。

私は食品衛生業界に、ある程度は詳しくはなっていたので、当時、だいたいどういう会社の誰が傍聴に来ているかわかるようになりつつありました。知っている人が何人かおられ、幅広くいろいろな企業の方が傍聴に来ていました。報道関係の人も多く、私の前にテレビ朝日の方がいて、私の両隣は女性の新聞記者さんでした。とても一生懸命にノートをとっていて、ちょっとかっこいいな～と思ったりもしていました。

食品安全委員会では翌週中を目途に「放射性物質に関する緊急とりまとめ」の発表を目指しているようでした。対象物質は、ヨウ素131とセシウム134と137にしぼるようでした。現実的に測定ができる、実質的にリスク管理できるものとして、対象物質が選定されてきていました。食品安全員会では単位はシーベルトでレポートするようでした。厚労省の基準が、ベクレルなので、このあたりを危惧する先生がいましたが、食品安全委員会はリスク評価をして、あとの解釈・リスク管理は厚労省にまかせればよいという議論の展開でした。議論や説明を聞いて、厚労省の暫定規制値がとても低い放射能レベルであると私は認識できました。

これをうまいことリスクコミュニケーションしていかないと、放射能レベルよりも心理的なインパクトの方がヒトの健康影響があるんじゃないかな～と当時私は感じていました。

傍聴が終わって、自宅に帰り、ちょっとテレビをつけたら、さきほどまでの会合で議論されていた先生のお一人が番組の解説者として映っていました。専門家の先生も、あちこちを出回り大変です。

その夜、私は、英会話のレッスンに行きました。最近のいろいろな話をしていくなかで、放射能の話になりました。英会話の先生の奥さんはフランス人ですが、フランス政府から無料のチケットをもらい、フランスに避難しなさいと言われ、フランスに帰国中でした。私の勤務先会社（外資系企業）も原発から、たしか80 km圏内に出張原則禁止になっていました。たしかアメリカ大使館からそのような指示がきていたようです。お客さんから機械の修理で来てほしいという案件があっても行けず、さすが外資だなって嫌味を言われそうですが、そういう事情だったのです。いろいろなところで影響が出ていました。「早く落ち着いてほしいです」。私は、そうつぶやいていました。

7.2.3　ある新聞報道への違和感

前出の3月15日の、「内閣府食品安全委員会第373回会合」の翌3月16日の大手新聞社の報道に私は疑問を持ったと記録しています。

私は、昨日内閣府食品安全委員会の会合を傍聴していました。このなかで規制値を緩和するという議論はなかったと理解しています。しかし翌日の新聞報道では、「規制値緩和へ」と報道があったのです。許容範囲を広げるということも、そこまで現時点で踏み込んではいなかったのです。「少なくとも、これ以上、規制を厳しくする必要はない」というコンセンサスはあったけれども、誰も緩和するとは言っていなかったはずです。それにもかかわらず、「規制値緩和へ」の報道なのか、疑問に思いました。マスコミの報道は疑った方が良いとそのとき思ったのです。

たしかに、私は、（その当時の）暫定規制値は緩和される可能性はあると思っていました。ただ、基準は厚生労働省（リスク管理側）と政府が判断することです。**内閣府食品安全委員会は、あくまでサイエンスベースで、政治的なところは抜きに、科学的なレポートを出すべきであり、法的にはおそらくそうするのです。**

その内閣府食品安全委員会が、規制値を緩和した方がよいという声明をそもそも出すとは考えにくいのです。そもそも、傍聴した会議の、取りまとめは（当時）来週中とのことでした。それを受けて厚労省が、必要に応じて見直しをするという手順なのです。

なのに、マスコミは規制緩和と報道する。おかしな話だと思ったのです。

それとも、行政によるシナリオはできていて、それをマスコミにわざとリークして、それをマスコミが報道していたということだったのでしょうか。

7.2.4　事故1年後の放射能基準値の見直し

原発事故の直後、厚生労働省は、暫定規制値を設け、措置をとってきました。そのおよそ1年後の2012（平成24）年4月1日から、より一層、安全と安心を確保するために、事故後の緊急的な対応としてではなく、長期的な観点から新たな基準値を設けています。放射性物質を含む食品からの被ばく線量の上限を年間5ミリシーベルトから年間1ミリシーベルトに引き下げ、これをもとに放射性セシウムの基準値を設定し、現在に至っています。

7.2.5　現状

平成29年9・10月に日本各地で流通する食品について、国民の食品摂取量の地域別平均に基づいて購入し、混合して放射性セシウムを測定したマーケットバスケット調査を厚生労働省が実施しています。その結果によると、食品中の（原発事故由来と考えられる）放射性セシウムから人が1年間に受ける放射線量は0.0006～0.0011 mSv（ミリシーベルト）となり、基準値の設定根拠の年間1ミリシーベルトの1％以下というデータになっています。したがって、原発事故による影響で飛び散った放射性物質の食品を介した健康影響は極めて低いと考えられます。

現在17都県を中心に、厚生労働省で定めた基準値について検査計画に基づいて検査がなされています。仮に基準値を上回ったときには、生産している地域ごとに出荷をとめて、流通しないような措置がとられています。私たちの口に入ることは考えにくいと思います。

7.2.6 そもそも原発事故があってもなくても

原発事故があっても、なくても食品にはカリウム40のような放射性物質が含まれています。例えば1 kgあたりで、干し昆布2,000ベクレル（放射能の単位）、干ししいたけ700ベクレル、ポテトチップス400 ベクレル、ホウレンソウ200ベクレル、魚100ベクレル、牛肉100 ベクレルといった具合に、そもそも放射性物質を食品は、含んでいるものなのです。食品を食べて成り立つ私たちの身体も、放射性物質を持つこととなります。体重60キロの成人男性の場合、カリウム40が4,000ベクレル、炭素14が2,500ベクレル、その他数種類の放射性物質を含み、合計約7,000ベクレルになります。ですから、理論的には、私たちの身体からもごくごく微量の放射線がでることになると言えます。

食品の場合は、そもそも天然に存在するカリウム40を含んでいます。図は2011（平成23）年9月及び11月に東京都、宮城県、福島県で食品を購入し、検査した結果から、その食品を1年間食べたときに受ける放射線の線量を推計したものです。食品にもともと含まれている天然のカリウム40からの線量が約0.2ミリシーベルトです。一方で、原発事故の影響と思われる放射性セシウムは、確かにゼロではありませんが、その量は0.003～0.02ミリシーベルトの範囲にあり、天然のものと比較してみると相当少ない量とわかります。

なお、図にはありませんが、食品に含まれる天然の放射性物質には、鉛などもあり、合計で約0.4ミリシーベルトの線量になります。

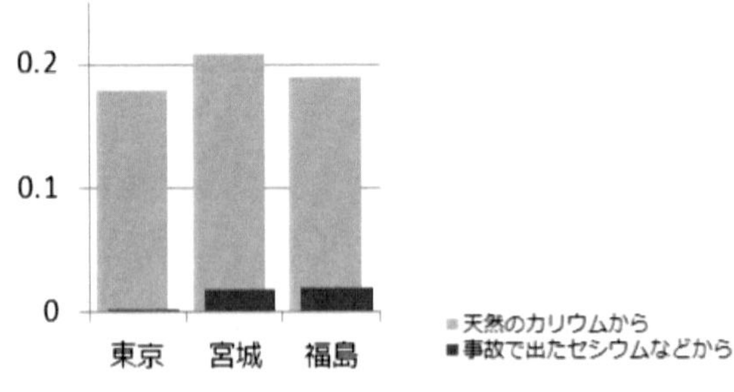

出典：厚生労働省ホームページ

図7-1　食品に含まれる放射性物質からの放射線量

7.3　超高齢社会における食品衛生

7.3.1　日本の全世帯の47.2％が高齢者のいる世帯

公衆衛生では一般に65歳以上の人口が総人口に占める割合である老年人口割合によって高齢化社会（老年人口割合7～14％）、高齢社会（同14～21％）、超高齢社会（同21％以上）と区分します。日本は1970年に高齢化社会になり、1995年には高齢社会になっています。そして2010年から現在にかけて「超高齢社会」です。2017（平成29）年10月1日現在の老年人口割合は27.7％です。その割合は、これからも増加すると予想されています。

また、高齢化人口の中でも高齢化が進んでいます。75歳以上の「後期高齢者」の人口は著しく増えています。さらに100歳以上の超高齢者（センテナリアンと呼ばれる）の方も2016（平成28）年には65,692人に達して、15年前の約4.2倍になります。このように老年人口が増える一方では少子化のために年少人口の減少は著しく、結果的に人口ピラミッドのすそは、狭まっていきます。そして日本の人口は長期にわたって減少すると予測されています。

高齢者（65歳以上）の中には、単身で過ごす高齢者もいます。平成29年の単身高齢者は627万4千人です。65歳以上の者がいる世帯（2,378万7

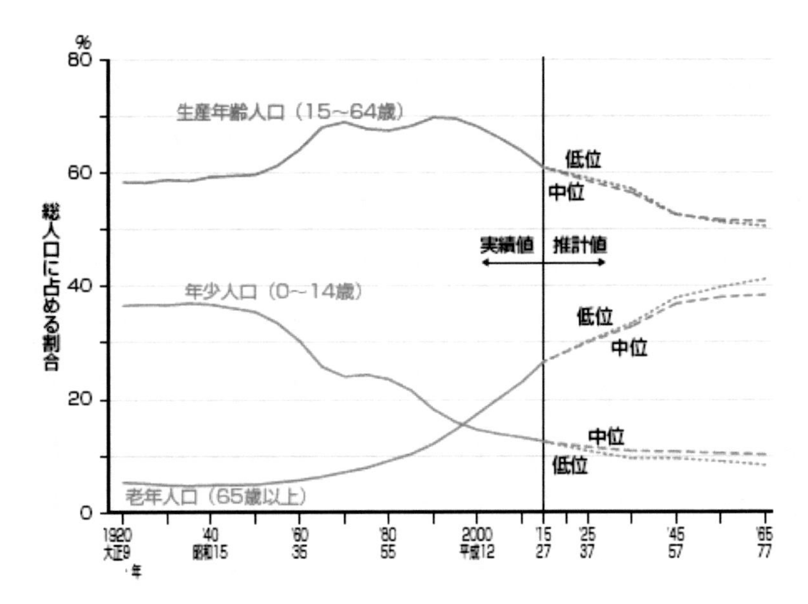

出典：「図説　国民衛生の動向 2017/2018」

図7-2　年少人口の減少と高齢人口の増加

千世帯）の26.4％が単身世帯です。夫婦のみの世帯は773.1万人で、32.5％です。つまり、高齢者の6割近くが一人暮らしか夫婦という高齢者のみで構成される世帯となります。

なお、日本の全世帯数は5,042万5千世帯です。ですから日本の全世帯の47.2％が高齢者のいる世帯になります。それが日本の世帯の状況です。世帯の数だけ、食卓があり、食品衛生があります。

超高齢社会における食卓そして食品衛生とはどのようなものでしょうか。

7.3.2　「買い物弱者」

私の故郷は滋賀県のある地方都市です。子どもの頃はにぎわっていた商店街も、シャッターが目立ちます。この光景は私の故郷に限った話ではありません。地元商店街店舗の廃業や衰退は、全国的にみられる現象です。この理由の一つには大型店舗の開店・進出があったとは思います。では大型店舗にはどのように買い物に行けばよいのでしょうか。自動車をもし所

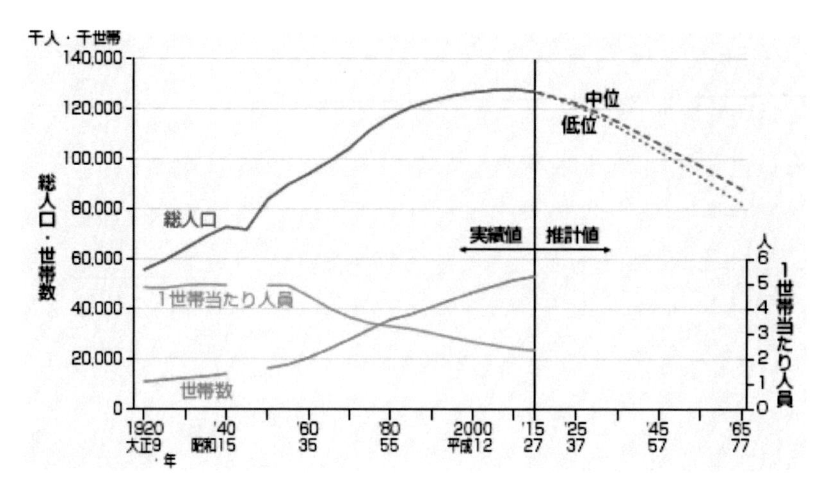

出典：「図説　国民衛生の動向 2017/2018」

図7-3　今後、長期にわたって減少する日本の人口

有していれば、少し遠い大型店舗に買い物に行けても、高齢者には自動車をそもそも持たない人もいますし、運転が難しい方も多いです。

私は、坂の多い住宅街に、現在住んでいます。1960～70年代ごろの住宅開発では、都市部郊外にて、坂の多い地域にも多くの住宅が建設されました。若いころ購入し、住み始めた当時の若者も、現在は高齢者になっておられる方も多いと思います。足腰が弱ったところで、坂を下りて買い物に行き、そして買ったものを持って坂を登って帰るのは、不便なことではないでしょうか。

そういう方が、いま日本にいて、これから、増えると考えられます。

一般に高齢者を中心に食料品の購入や飲食に不便を感じている人を、「買い物弱者」、「買い物難民」、「買い物困難者」という造語が使われています。そして、**このような問題を「食料品アクセス問題」と呼んでいます。**

2010年に、経済産業省が買い物に不便を感じる人の割合から、全国の「買い物弱者」を600万人と推計し、その4年後の2014年には700万人と推計しています。「買い物弱者」は増加傾向にあるのです。

7.3.3　食の砂漠

「買い物弱者」と似た言葉で「フードデザート（Food deserts）」という概念（学術用語）があります。Food desertsを訳すと「食の砂漠」になります。フードデザートは1990年代に欧米（特にイギリス）で研究が始まった学術用語になります。1990年代のイギリスでは、サッチャー政権における開発主導型・市場主導型の都市政策のもとにショッピングセンターや大型量販店の郊外での出店と開発が進みます。その影響で、インナーシティー（大都市の発達した中心地区の周辺に位置し、住宅・商店・工場などが混在する地域）では食料品店の廃業が目立ち始めます。そのため貧困層は、品ぞろえの悪い雑貨店で食料品を買うこととなり、貧困層の健康問題として社会問題になった経緯から、研究が始まっています。

日本の「買い物弱者」問題とは食料品のアクセスの視点からどちらかというと高齢者の生活悪化に着目している一方で、「フードデザート」問題は、外国人労働者や低所得者といった社会的弱者に着目しています。欧米の「フードデザート」とされる地域では、食料品店へのアクセス欠如はもちろんのこと、就業・教育など社会環境も充実していません。社会環境を改善する公衆衛生的アプローチが必要とされているのです。日本の「買い物弱者」問題にも、欧米の研究・取り組みは大いに参考になると考えられます。「高齢者支援」という視点は重要ではありますが、病気をもっているひと、身体が不自由な人、支援が必要な人、そういう人々を支援するスタンスも重要なように思えています。よく聞くユニバーサルデザインの発想が求められているようにも感じています。

「買い物弱者」は高齢者だけの問題ではありません。高齢者でなくても、買い物弱者になることがあります。例えば、非正規雇用者の増加は問題になっていますが、低所得の方もおられると思います。そのような方は自家用車を持てず、遠方のスーパーに買い物にいけないかもしれません。あるいは、子育て中の若い夫婦でも、買い物は難しいことがあります。夫婦どちらかが仕事で不在にしていたとします。子どもが熱を出して寝ていたら、夫婦どちらかが看病しますから、家にいるどちらかの親は買い物に行けません。「買い物弱者」問題は身近で、老若男女を問わない問題ともいえます。

7.3.4 食品安全では何が起こるか

「超高齢社会における食品安全」問題はすでに起こっているといえます。高齢者が誤飲を起こしたり、餅をのどに詰まらせるといった、衛生というよりも安全上の問題はすでに起こっています。今後、そのリスクはさらに高まるでしょう。また、衛生上のリスクを考えると、食中毒になりやすくなるというのがあります。理由の一つに免疫力の低下があり、食中毒になりやすくなります。食中毒になったときは、重篤化しやすいというのもあると思います。次に、高齢者の身体機能の低下に伴い、衛生状態が悪くなる場合もあります。衛生的であるかどうかも食中毒のなりやすさとも関係します。食料品アクセス問題と関係しては、鮮度の良い、良質の食品を常に得られるとは限らなくなる可能性もあります。食料品へのアクセスが制限されると、鮮度の悪い食品や衛生上・安全上リスクの高い食品を食べざる得ない場合も想定されます。

このような問題を、超高齢社会における食品安全あるいは食品衛生問題として、まずは考え付くところです。

7.3.5 坂の上に住んでみて

○健康管理の視点

私はしばしば帰宅時のスーパーで、高齢者の「買い物弱者」問題について思うことがあります。

私の最寄駅の前には一軒のスーパーがあります。そのスーパーで私は時々買い物をして帰りますが、自宅に帰るために、のぼり坂を登って帰宅します。スーパーで買い物をしているとき、私がお年寄りになったとき、買い物をしてこの荷物を持ってしっかり帰宅できる足腰を持っていたいと素朴に思うのです。私も20年ほど時間が過ぎると、高齢者になります。

「買い物弱者」問題を考える時、そのような社会とどう向き合うかという視点とともに、個人として買い物弱者にならないよう、どのように工夫していけばよいのかというアプローチも必要な気もしています。その1つが個人でも取り組める体力や免疫力維持とそれらの増進といった「**健康管理**」だと思います。これは食中毒にならない身体、なっても重篤化しにくい身体づくりとしても大切だと思います。運動をし、適切な食生活をとり、正しい生活習慣を過ごすことなのだと思います。

そして、社会としては、その個人の営みを社会で支援していくことが必要になります。俯瞰的に考えると、高齢者あるいは買い物弱者の健康をサポートする社会、**みんなの健康をみんなで守る社会**をつくっていくことにつながっていくように思っています。健康増進とは個人の生活改善だけではなく、社会的環境の改善も含むものです。

生活習慣病という言葉があります。生活習慣病とは悪性新生物（がん）、心疾患、脳血管疾患、高血圧、糖尿病、慢性肝疾患など、それらの発症が生活習慣と深く関わりがあるとされる病気の総称です。しかし、この病気の総称名の「生活習慣病」は、病気になったのは個人の責任という偏見がうまれる恐れがあります。**生活習慣病は生活習慣も、もちろん関係しますが、遺伝的要因や外部環境要因など個人の責任にはよらない、複数の要因が関与しています**。このうち、外部環境要因を整え、改善することが、みんなの健康をみんなで守ることになるのだと思います。

○車

坂のうえに住んでみて思うことが、他にもあります。車があると便利だということです。私自身は車を持っていません。絶対に必要かと問われると、比較的都市部に住んでいるので、どうしても困るということはありません。そもそも駅や量販店から自宅まで歩く体力はまだありますし、荷物が多い時や、子どもがぐずっているときなど、歩くのが大変なときだったらバスやタクシーを使うことは可能です。ただ、お金はかかってしまいます。また、健康管理のためにも、ちゃんと歩いた方が良いですね……。

買い物の荷物が重たくなるような場合も、量販店の宅配サービスや通販を利用すれば、買い物の荷物を持ち運ばなくても良いかもしれません。実際に、ビールなど重量があるものや、かさばるものは通販で買って、配送業者に届けてもらいます。

しかし高齢者の場合はどうでしょう。地方に住んでいたらどうでしょうか。高齢者になると、身体機能の低下により車を運転するのが難しくなることもあります。しかし、都市部でなく地方では、車がないと、大変不便な生活となります。近くに支援してくれる人がもしいなければ、生活はとっても大変です。

○超高齢社会における買い物弱者の問題への対策

超高齢社会における買い物弱者の問題についてはいくつかの研究や取組が、なされています。それらは農林水産省の「食料品アクセス問題ポータルサイト」や経済産業省の「買物弱者対策支援のサイト」でも紹介されていますので、ご参考くだされればと思います。

フードデザート問題に詳しい岩間信之先生の著書『都市のフードデザート問題』のなかでも、全国の買い物弱者支援事業を取り上げて紹介されておられます。それによると「共食型」、「配達型」、「アクセス改善型」に大別できるようです。「共食型」には、月数回の会食会が主な活動になりますが、介護予防効果や仲間づくりを行って、孤独死を防ぐ効果も期待されているようです。都市部を中心に人間関係は希薄だと思いますので、仲間づくりという目的も意味があると思います。「配達型」は配食、買い物代行、宅配サービスがあります。「アクセス改善型」には買い物場の開設、移動販売、買い物バスといったものがあります。買い物バスとは、乗車目的が買い物に特化したバスです。

私自身は、現時点で明確で具体的な答えをここでは書けないでいます。特に食品衛生の課題について、今後のテーマとして、考えていきたいと思います。

一方で、岩間先生は著「都市のフードデザート問題」のなかで次のように示唆に富むことを述べられていました。『FDs（フードデザート）問題の対策の議論になると、必ず「既存の配送ネットワークを活用した宅配事業が最適」との声が多く聞かれる。食料品を安定的に入手して豊かな食生活を維持することに限れば、著者もそれが正解だと考えている。しかし、「豊かな食生活と健康を維持する」ためならば必ずしも正解とは著者は考えない。高齢者の健康維持には、適切な食事とともに、外出することが欠かせない。外出は、適度な身体的負荷がかかるとともに、人と接することによって社会的ネットワークにとどまり、知的能動性の維持にも貢献する。』と記されています。私もそのとおりだと思いました。そして、フードデザート問題（買い物弱者問題）といった問題は健康管理の問題とつながっていると思うのです。

7.4　開発途上国の食品衛生

カロリーベースで60％以上を輸入に依存しているわが国にとっては、国内はもちろんのこと輸入食品の安全性の担保は当然必要になります。輸入食品は開発途上国からの輸入品も多いです。ですから輸出国側に対して、食品衛生状態の安全性担保を促すことは私たちにとっても需要なことですし、その輸出国にとってもその国の衛生状態を向上させ、食品の安全性を高める点で重要なことだと思います。

食品衛生に関して、開発途上国に支援を行うならば、私は最も重要な支援の一つに、法律の整備があると考えています。**基本となる法律がなければ行政組織をはじめ食品衛生のしくみができません**。開発途上国の多くが抱える問題点（表7-1）の一つに法整備の不備があります。私は日本食品衛生協会の職員だった頃、開発途上国の食品衛生行政官に日本に来てもらい、日本の食品衛生のしくみを学んでもらう仕事に関わっていました。実際に研修生と接する中で、この確信を深めました。途上国に対し、経済的コストをかけることなく最も効果的な支援として、法整備や政策立案に関する情報や知識の提供があるのではないかと思っています。**法律は組織を形成し、社会のしくみを形作るうえでとても重要です**。

表7-1　想定される開発途上国の食品衛生上の問題点

- 政策立案に必要となる基礎統計資料が整備されていない。
- 食品検査のための試験機関の整備が不十分
- 食中毒事件に対する法的な調査制度がない。
- 微生物汚染の実態が把握できていない。
- 感染症が都市部でも発生する。
- 水道がない飲食施設が存在する。

出典：加地祥文，マレイシアとはどういう国？，食品衛生研究，52(6), 101-110, 2002 を参照

法律をつくり、よりよいものに変えていくと、社会はもっとよくなるのだと思います。わが国でも、よりよい社会のために法律がつくられ、そして改善されていっているのだと思います。良い法律が良い国を作るのだと私は思っています。

7.5　愛は食品衛生にある

7.5.1　愛は食品衛生にある

以前、ある食品工場の内部を見学する機会がありました。その会社のイメージガール（？）のような女性の写真が手洗い場に貼ってあり、ちゃんと手洗いしてね……的なメッセージが添えられていました。私はほほえましい気持ちになって、「はい。手洗いをしますよ」と手を洗った次第です。

私は帰宅をすると、手洗いとうがいを必ず行っています。しかし、うがい薬を使うまではしていませんでした。ある日、妻より、感染症を家庭に持ち込まないためにも、うがい薬でうがいをして欲しいと頼まれたことがあります。面倒くさいなと思い、うがい薬を用いてのうがいはしたりしなかったりでした。ところが、帰宅し、洗面台に向かうと、コップに、私の似顔絵が書いてあり、「ちゃんとうがいをしてくださいね」といったメッセージが書かれていました。そこに、「愛」を感じた私は、自然とうがい薬をコップに入れて、うがいをするようになりました。

そんな、いわば愛情が食品衛生を支え、人々を突き動かすのではないで

しょうか。どんなすばらしい食品衛生管理のしくみを作っても最後は人が進めていきます。人々を行動に動かす、キーが「愛」ではないかと私は思うのです。相手を思う気持ちこそが食品衛生の基盤だと私は思います。

例えば、自分が作った料理を、愛する人に食べてもらうと思ったら、適当に作れるでしょうか。おいしくなるようにいろいろ工夫するでしょうし、栄養も考えるでしょう。そして食中毒にならないよう気を配るはずです。「その料理を食べてもらえるのか」ということが食品衛生だと思います。だから、愛なのです。食品衛生とは愛なのです。

特定の誰かの食事に限りません。**みんなの食事が安全でありますようにという祈りと営みこそが食品衛生です**。一つひとつの食品衛生の積み重ねが今日の食の安全につながってきたのだと思います。

例えば、行政官であれば、国民・市民を愛する気持ちが根底になければ食品衛生行政は務まらないと思うのです。食品衛生協会在職時代に、食品衛生行政OBの方とお話する機会はとても多かったのですが、食品衛生に対する、その熱い思いを、感じてきました。その熱い思いをもつ食品衛生に携わる人々が、わが国の食品衛生のレベルを上げていったのだとも思います。

みんなの食卓をみんなで守る営みが食品衛生で、その方法論と技術を学ぶのが食品衛生学だと私は考えます。私はあえて「愛は食品衛生にある」と言いたいです。どこかの会社のコーポレートメッセージのようになってしまいました。

7.5.2　最後は人

食品衛生管理のため、ISOやHACCPなど、さまざまな「しくみ」を、食品事業者の現場に導入することは有効であることは間違いありません。しかし、最も重要なことは、組織構成員、従業員の衛生意識と倫理観が組織内で共有されていることです。これまでISOやHACCPの枠組みを取り入れているにも関わらず、食品衛生管理上重大な事件・事故を起こした企業は少なくありません。どんなに立派な制度を導入していても、結局「**最後は人**」なのです。食品の供給に携わる者は、その自覚と責任をもって安全な食品を供給するという、意識が必要です。

以前、「お客様からクレームが多い部署があるんだけど、実はそもそもその部署内の人間関係が悪くってね……」という話を、ある会社の品質管理担当者に聞いたことがあります。社内の雰囲気が悪いと、それは製品やサービスに影響を与えるということは経験的にもイメージがつきやすいように思います。食品衛生にも、現場の人間関係や風通しの良さが関係しているようにも思うのです。「人間関係にまさる品質管理はない」とも、その品質管理担当者さんはお話されていました。別の言い方をすると、人間関係にまさる食品衛生管理はないとも言えると思います。

私は、食品衛生管理とは労務管理でもあり、経営管理の一つだとも思います。食品企業にとっての根幹なのです。

7.6　学ぶということ

7.6.1　食品衛生へのまなざし

従来、食品衛生は「モノの食品衛生」であり、食品が衛生的か安全性はどうか、を検討するものでした。しかし食物性アレルギーのように、食品衛生法の基準に合った食品、いわば「モノの食品衛生」では問題ない食品であっても人に健康被害をもたらす場合があることから、「モノの食品衛生」から「**ヒトの食品衛生**」という新しい視点も必要となっています。食品が食べる人にどのような影響を与えるのか「食品とヒトの健康」という視点も食品衛生では必要なのです。

医学生が使用する、ある公衆衛生学の教科書の中に、私が好きなフレーズをみつけました。「公衆衛生は3つの目が大切である。第1に“病める患者、人間を診る**温かい目**”、第2に生命現象を理解し、病気の原因を探る“科学者としての**鋭い目**”、第3に現代社会で疾病や患者を生み出す環境など、疾病の背景を見抜く“視野の広い**大きな目**”」とあります。このことは医学生に限らず、また公衆衛生に限らない、すべての人にとって科学への向き合い方を示しているように思えますし、食品衛生にももちろん通じるものだと思うのです。

まず、私たちは食中毒で苦しむ人への**温かい目**を持つことで、食中毒のことをもっと知ろうと思います。食中毒を減らしたいとも思います。助けてあげたいと思います。そして、食中毒のメカニズムを勉強したいと思います。メカニズムを知り、科学的に対策を講じたいと思います。**鋭い目**で調べたり、実験したりします。**大きな目**を持つことで、食中毒や食品由来の疾病には、環境やとりまく社会構造もあることをやがて私たちは知ることとなります。**食と農と環境は一体**で、お互いに関係しているものです。環境は食に影響を及ぼしますし、社会環境は、食習慣に影響を与え、それは個人の健康に当然関係してきます。このような視点をもつことが、食品衛生の学びをより実りあるものにすると私は信じています。

本書では、過去の食中毒事件・事故をいくつか紹介しました。私たちの現在の生活は過去の事件・事故による多くの先人たちの犠牲の上に成立していることを忘れてはいけません。払われてきたたくさんの犠牲から、その歴史・過去の教訓を学び取って、さらに私の生活をよりよいものにしていくことが、歴史を学ぶ意味だと考えます。**過去を振り返るまなざしと、未来を見つめ、考え、そして創造するという視点**も必要なのです。

7.6.2 学びを「身に付ける」ということ

生命学者で早稲田大学教授の森岡正博先生は著書『自分と向き合う知の方法』の中で、人が学ぶ意味と学ぶということについて言及されています。「与えられた専門の鋳型のなかに自分をねじこもうとするのは間違ってると思う。そうではなくて、もし自分に問題意識がはっきりとしているのなら、ちょうど自分の身体にあわせて服装を選ぶときのように、様々な専門領域から知識やデータや方法論などを切り取ってきて、自分の問題意識のまわりにくっつけていくのである。自分を鋳型に押し込むのではなく、自分の問題意識にあわせて専門的な知識を奪い取ってくること。主体はあくまで、ここにいる自分。ここにいる自分のまわりに、自分に必要な限りにおいて、専門的な知識を集めてくる。」と述べられています。私は森岡先生の考え方に賛同します。

体型や好みに合わせて服を着る感覚で学んでいくと良いんだと私は思うのです。服を着ること、服を身に付けることは、学問を身に付けることととても似ているように私は思います。読み書きそろばんの基礎学力のようなものが肌着のような存在ではないでしょうか。そのうえで、人それぞれ着たい服を着るように、学びたい、見つけたい知識や技術を学び、身に付けていけば良いんだと思うのです。

身に付け、身体に染み入るようになった学びは、皮膚のように私たち自身の身体の一部になるのではないでしょうか。ある意味、学びは美容という側面もあるように感じます。学びを通じ、あなたは、より美しく、輝きを放って見えるからです。そしてご自身の身体作りという側面もあるようにも思うのです。身に付けたもので、自分自身のからだが形成されていくはずです。世の中には流行というものがあります。そのときの流行の学びも試して、楽しんでみるのも良いと思います。いろいろ試しながら、じぶんが出来上がってくるのではないかと思うのです。

食品衛生の学びも、みなさまの身につけたいものからお試しくださると良いかと思います。この本が、食品衛生を身に付けていただく、いくつかのツールの一つとして活用いただき、それがさらに続き、連鎖となる学びへのきっかけともなれば幸いです。

7.6.3　食品衛生の学びは続く

食品衛生は、生活に密着する学問であり、深くかつ広い分野です。ぜひ、一緒に学び、身に付け、もっともっと素敵になりましょう。学び始めると、食品衛生が実にいろいろな分野と関係していることに気が付き、おのずと広い学びとなっていくように思います。気になることについて、深く学ぶと、また新しい疑問が生じて、もっと知りたい気持ちになります。

食品衛生の学びの成果の一つは、「食品を知る」こともあり、「食べ方を知る」学びでもあると思います。フランスの法律家ブリア・サヴァラン（1755～1826）の言葉に「国民の盛衰はその食べ方のいかんによる」という言葉があります。この言葉のとおり、国民一人ひとりが正しく「食べ方」を知ることで、適切な食生活を送り、結果としてみんなが元気になると思います。みんなが元気になれば、国は栄えるのだと思います。みんなが健康で輝いている社会の実現に、食品衛生は貢献できると確信しています。

あなたの身体はあなた一人のものではありません。みんなにとっても、もちろん、なによりも、あなた自身にとって、あなたはかけがえのない存在です。彼女にとっても、彼にとっても、そして私にとっても、あなたは大切な仲間なのです。だから衛（まも）りたい。その精神が食品衛生の中心に宿っています。

本書では、深い考察に至っていない部分も含まれていたと思いますし、一部観念的な部分もあったと思います。未熟な点は、私は読んでいただいている皆様とともに、これからご一緒に深く学び、探究していきたいという気持ちでいます。皆様も、皆様自身の問題意識から、さらに学び進め、探究してくだされば幸いです。私は、わたしで、食品に係る「問い」、衛生に関する「問い」に自ら答えるために、この仕事（志事）を続けます。それは、食品衛生の研究であるようで、人間の研究でもあり、生命に関する研究でもあり、自分自身のことを知る研究となりそうな予感がしています。

7.7　まとめ

最後に、私が重要だと考える食品衛生の視点を箇条書きいたします。

1．**食品にはリスクがあるということ**
2．**食品のハザード（健康危害要因）を知ること**
3．**食品由来の事故・事件は、いつかどこかで起きる可能性があること**
4．**食品のハザード（健康危害要因）を許容可能なレベルにしていくこと**
5．**食品由来の事故・事件が起きてしまったら、被害を最小限に抑えること**
6．**日頃の健康管理も大切だということ**
7．**食品衛生の学びから、社会が見えてくるということ**
8．**食と農と環境、そして社会は、つながっているということ**

９．みんなの食品を、みんなで衛（まも）っていくということ
１０．過去の食品由来の事件・事故の歴史を知り、その教訓を活かすこと

参考図書・資料

（全体を通じて）

・ 菅家祐輔，白尾美佳編著：食べ物と健康　食品衛生学，光生館，2013
・ 日本食品衛生学会編集：食品安全の事典，朝倉書店，2009

（フードディフェンス関係）

・ 朝日新聞：フードディフェンスとは，2008年4月20日朝刊37面，2008
・ Barbara, A.Rasco & Gleyn, E. Bledsoe： BIOTERRORISM and FOOD SAFETY. 133, CRC PRESS，2005
・ Barbara, A.Rasco & Gleyn, E. Bledsoe： BIOTERRORISM and FOOD SAFETY. 2, CRC PRESS，2005
・ 東島弘明・大道公秀：食品テロのおそれと食品企業における健康危機管理対策の必要性，食品衛生研究，55（1），15-28，2005
・ 日本貿易振興機構：米国の食品安全性確保の取組み，2005
・ 大道公秀：開発途上国の輸出食品に関する行政対応，食品衛生研究，58(9), 43-48, 2008
・ 大道公秀，フードディフェンスの潮流、人間と環境，vol 34，pp 175-178，2008
・ ヤフー：ビッグデータ分析でみるインフルエンザ感染状況：2017－2018，2018年3月20日更新
https://about.yahoo.co.jp/info/bigdata/influenza/2017/01/（2018年9月14日閲覧）
・ 北村有里恵，長島真美，吉田勲他：東京都内インフルエンザ流行状況の把握を目的としたツイート数の有用性の検討，東京都健康安全研究センター年報，68, 65-69, 2017
・ 角野久史編著：フードディフェンスー従業員満足による食品事件予防，日科技連，2014
・ 今村知明編：実践！フードディフェンス，講談社，2016

（買い物弱者問題）

・ 厚生労働統計協会：図説　国民衛生の動向　2017/2018，厚生労働統計協会，2017
・ 岩間信之：フードデザート問題の現状と地域づくり、月刊福祉2014年4月号36-39，2014

- 岩間信之編著：都市のフードデザート問題，農林統計協会，2017
- 薬師寺哲郎編著：超高齢社会における食料品アクセス問題，ハーベスト社，2015
- 農林水産省ホームページ　食料品アクセス問題　ポータルサイト
  http://www.maff.go.jp/j/shokusan/eat/syoku_akusesu.html（2018年9月23日閲覧）
- 経済産業省ホームページ　「買物弱者対策支援」サイト
  http://www.meti.go.jp/policy/economy/distribution/kaimonojakusyashien.html（2018年9月23日閲覧）
- 厚生労働統計協会：図説　国民衛生の動向 2017/2018，厚生労働統計協会，2018

（放射線関係）

- 厚生労働省ホームページ：食べものと放射性物質のはなし
  https://www.mhlw.go.jp/stf/seisakunitsuite/bunya/kenkou_iryou/shokuhin/houshasei/index.html（2018年9月18日閲覧）
- 厚生労働省医薬・生活衛生局：食品中の放射性物質の対策と現状について，平成30年6月更新
  https://www.mhlw.go.jp/shinsai_jouhou/dl/20131025-1.pdf（2018年9月18日閲覧）
- 澤田哲生：誰でもわかる放射能Ｑ＆Ａ，イースト・プレス，2011

（その他）

- 岸 玲子，吉野純典，大前和幸，小泉昭夫：NEW 予防医学・公衆衛生学，南江堂，2012
- 森岡正博：自分と向き合う「知」の方法、筑摩書房，2006
- 一般社団法人情報通信医学研究所編：IT技術者の長寿と健康のために，近代科学社，2016

あとがき

本書は、これまでに学んだことや経験したことを思い出しながら、書き進めたものです。食べ物と健康、そして食品衛生について、研究についてなどさまざまなことを教えていただいた先生方・各分野の専門家の皆様、交流させていただいたあらゆる皆様に心から御礼申し上げたい気持ちでいっぱいです。

食品衛生の領域では、食品検査機関である日本冷凍食品検査協会（現・日本食品検査）での食品検査員の経験が私の社会人としてのスタートでもあり、その後の社会人としての基盤となりました。日本冷凍食品検査協会で培った経験は、食品衛生学や食品分析・食品化学に関する教育・研究を行う現在の仕事につながっています。本書の中でも、その経験が土台にあって、原稿をまとめることができたのだと思っています。

その後に勤めた、厚生労働行政の補完的役割も担う日本食品衛生協会での経験は、行政あるいは食品事業者からの視点でみる食品衛生を知ることができました。ある意味、食品衛生協会は食品衛生に関わる人々が行き交う港・空港のような場でもあり、ある種「食品衛生の中心」であった職場のようにも感じています。上司の東島弘明様、高谷幸様はじめ、協会関係者の皆様とご一緒に仕事をさせていただき、交流させていただいた経験は本書執筆に大きな影響を与えていると感じています。食品業界・食品衛生分野の最近の潮流などは、これまでに知り合いました皆様方との現在に至る交流から得たお話を参考にしていますが、特に日本食品衛生協会在職中に知り合った方々の影響は大きいと思っています。その一つに、在職中に参加させていただいた「第31回欧州食品衛生調査団（森田邦雄団長）」の団員の皆様と今日に至る交流も、本書の中に影響を与えています。食品衛生に関する研究面では、理事長の玉木武先生が主任研究者を務める厚生労働科学研究「食品企業における健康危機管理に関する研究班」と「食品安全施策等に関する国際協調のあり方に関する研究班」のお手伝いをさせていただいたことも、貴重な経験でした。そのご縁で、研究班のメンバーでおられた、今村知明先生、小沼博隆先生、津田敏秀先生、豊福肇先生、山本茂貴先生には、日本食品衛生協会退職後も、食品衛生にまつわるお話をご質問させていただいた折には丁寧に教えていただきました。本書の一部は、先生方に教えていただいたことも参考にして、書き進めさせていただきました。

日本食品衛生協会退職後に勤めましたサーモフィッシャーサイエンティフィック（Thermo Fisher Scientific）社での経験は、グローバルな視点そして、最新の分析技術を知る、良い経験となりました。各種分析技術については、中野辰彦さんはじめ各ラインでのスペシャリストの皆様に当時、教えていただいた最新の分析手法の学びがベースにあって、分析技術の項を取りまとめさせていただきました。さらに最近の分析業界のトレンドについての記述は、著者も運営委員の一員であります日本分析化学会受託分析研究懇談会（中田邦彦委員長）における活動を通じ学び得た最近の動向も織り交ぜています。さてサーモフィッシャー在職中には食品総合研究所（現・農業・食品産業技術総合研究機構）の中川博之先生とのカビ毒代謝物スクリーニングに関する共同研究がスタートし、私がカビ毒研究に関わるきっかけにもなりました。精密質量分析を通じ、世界ではじめての発見となるカビ毒配糖体をみつけていく場面に遭遇し、わくわくしたことが思い出されます。退職後も中川先生とは交流があり、本書でのカビ毒に関する項は中川先生に教えていただいたことも参考にまとめさせていただきました。

現在の、東京医療保健大学では、主にカビ毒（パツリン）に関する研究、給食施設の衛生管理、衛生微生物に関する実験、古代食解明に関する研究に挑んできています。給食施設の衛生管理に関する項は、東京医療保健大学教授森本修三先生との共同研究の成果を盛り込ませていただきました。また最近の私の主な課題として取り組んでいる古代食解明の研究では、科学研究費基盤B「古代食の総合的復元による食生活と疾病の関係解明」（研究代表者：東京医療保健大学教授三舟隆之先生）の研究班のメンバーに入れていただき、研究を進めています。この研究班に参加したが契機に歴史の視点から食品衛生を考えてみたいという気持ちが高まったことは間違いありません。三舟先生、そして研究班の皆様との交流で得た知見も本書に取り入れさせていただきました。古代食解明に関する基礎研究に関しては農業・食品産業技術総合研究機構・鈴木彌生子先生との共同研究の成果も本書にて紹介していますし、共同研究者の日本食品検査・橘田規さんとの交流を通じて得た知見も一部参考にしております。

現在、教育面では、東京医療保健大学にて食品衛生学の科目を担当しています。食品衛生学の前任担当教員は（かつての私の職場でもある）日本冷凍食品検査協会の技術顧問も務められたこともある野口玉雄教授です。野口先生は、私が東京医療保健大学に着任すると、学部所属から大学院所属の教授に移られました。現在も野口先生は、私の研究室の上の階におられ研究を続けていらっしゃいます。食品衛生あるいは、研究全般のことについて、相談にのっていただく機会が多くあり、とても感謝しています。

加えて、私は、中川晋一先生が理事長を務める一般社団法人情報通信医学研究所の研究員として2011年10月より参加させていただいております。情報通信医学という新しい切り口での意見交流を研究所の皆様とさせていただいています。研究所のメンバーが近代科学社より『IT技術者の長寿と健康のために』を2016年6月より出版しております。そのご縁もあって、本書を近代科学社から出版したいと考えた次第です。

さて、研究者としての基盤形成としては、卒業してきた3つの大学にて、それぞれに違った視点で食品・環境・衛生に関する学びと研究をしてきました。大学生活・大学院生を通じて、研究者マインド・衛生マインドを深めていくことができたと思っています。また研究者としての心構えを、大阪府立大学の小川宏蔵教授、早稲田大学の町田和彦教授、千葉大学の森千里教授はじめ、多くの先生方からたくさんのことを教えていただきました。恩師の教え・学びの友との交流も本書に影響を与えているかと思います。

以上、たくさんの皆様との出会いそしてさまざまな場面での経験があって、現在の私と本書があります。

私は、研究者として、もちろん、社会人としても、決して成功的なキャリアを積めているわけではありませんし、未熟な存在です。食品衛生をはじめ各分野をリードされるような多くの方と自分を比較し、圧倒的な実力差を感じることがしばしばあります。そのたびに、しょげてしまいます。それでも、なお、私は私なりの「わたしの食品衛生」・「わたしの食品科学」・「わたしの衛生」を引き続き、考え、勉強し、探究したいと思っています。

その思いから、手に取ってくださったあなた様へのひとつのメッセージとして本書を世に出したいと思い、出版に至りました。

これまでで出会い、ふれあい、語り合ったすべてのみなさま、そして本書を手に取ってくださったあなた様に衷心より御礼申し上げます。

最後に、本書を編集いただきました向井領治様にも御礼申し上げたいです。

ありがとうございました。

2019年1月　大道公秀

著者紹介

大道 公秀 （おおみち きみひで）

滋賀県出身。1997年大阪府立大学農学部農芸化学科卒、2003年早稲田大学修士（人間科学）、2008年千葉大学博士（医学）。日本冷凍食品検査協会（現・日本食品検査）検査員、日本食品衛生協会本部事業部主事、サーモフィッシャーサイエンティフィック株式会社フードセーフティースペシャリスト、東京医療保健大学講師を経て、2018年より東京医療保健大学医療保健学部医療栄養学科准教授、このほか一般社団法人情報通信医学研究所主幹研究員（客員）、放送大学非常勤講師を兼任し、食品衛生・食品化学・公衆衛生領域を中心に教育・研究活動を行っている。

専門：食品衛生、食品化学、食品分析、公衆衛生

主な著書

『食べ物と健康　食品衛生学』（光生館、2013年）、『基礎化学と生命化学』（光生館、2014年）、『スタンダード人間栄養学　食品・環境の衛生検査』（朝倉書店、2014年）ほか分担執筆。

◎本書スタッフ
プロデューサー：大塚 浩昭
ディレクター：石井 沙知
編集支援：向井 領治
表紙デザイン：tplot.inc 中沢 岳志
技術開発・システム支援：インプレス NextPublishing

●本書は『食品衛生入門』（ISBN：9784764960008）にカバーをつけたものです。

●本書の内容についてのお問い合わせ先
近代科学社Digital　メール窓口
kdd-info@kindaikagaku.co.jp
件名に「『本書名』問い合わせ係」と明記してお送りください。
電話やFAX、郵便でのご質問にはお答えできません。返信までには、しばらくお時間をいただく場合があります。なお、本書の範囲を超えるご質問にはお答えしかねますので、あらかじめご了承ください。

過去・現在・未来の視点で読み解く

食品衛生入門

2024年1月31日　初版発行Ver.1.0

著　者　大道 公秀
発行人　大塚 浩昭
発　行　近代科学社Digital
販　売　株式会社 近代科学社
〒101-0051
東京都千代田区神田神保町1丁目105番地
https://www.kindaikagaku.co.jp

印刷・製本　京葉流通倉庫株式会社
Printed in Japan

ISBN978-4-7649-0683-9